JN005074

秘境、辺境、異文化

世界の絶景植物

淡交社

目次

chapter 1.

織りなされる絶景

chapter
2.

見知らぬ世界の花

はじめに

緑の惑星

　現代は情報の時代である。瞬時に世界とつながり、テレビ、パソコン、スマホと居ながらにして世界の映像を見ることができる。そこには世界各地の風景も映し出される。風景には緑を伴う場面が多い。

　地球は水の惑星と言われるが、陸には緑が広がる。緑の惑星でもある。森林、草原、牧場、畑や水田と展開する緑が、景色を作り出す。そしてその光景は国々地域によって特色がある。緑を構成する植物は、気候、地形、地質で異なり、人の手も加わり、長い時をかけて特有の景観をもたらしている。

　また一口に緑と言っても、その色合いはさまざま。季節ごとに変遷する。さらに緑に彩りを与えるのが花であり、色彩、形や大きさの変化に富む。時には花畑や花園となって目を引く。

テレビでは世界の自然がしばしば取り上げられる。映る動物は名前と共に解説されるが、植物に関しては、名前が出ることは少ない。風景の中に目立つ花が咲いていても、正確な名は触れずに、美しい花で済まされるシーンが多い。森や林の木々、絡まるつる、幹を埋める着生植物などのすばらしい映像が流れても、そこに名は、まず伴わない。

本書では、日本では余り知られていない植物や花を中心に２９４枚の写真で、種名をあげて紹介しよう。知られていない植物の名は、学名をカタカナで示した。なお、一部は英名などから新しい和名を与えた。

絶景植物

世界には道がなく、行く手段がヘリコプターしかない場所もある。そんな秘境や辺境は、風変わりな植物や珍しい花の宝庫で、私にとっては強く惹かれる植物たちが根を張る。

本書では私が訪れた60余りの国の中から秘境、辺境の植物や花々を二つに分けて紹介する。一つは「織りなされる絶景」で、秘境や辺境の環境と強く結びついた植物を主役とする絶景である。その絶景は、それぞれの地域の環境に適応した特有の植物から構成されている。いわば「絶景植物」である。

絶景植物は巨木であったり、多肉植物であったり、また巨草や花園と地域ごとに異なり多彩である。世界各地にはすばらしい絶景植物が数々存在するが、本書ではそれらの中から筆者が訪れ、目にし、感動した種類を属の観点から掲載した。

二つ目は「見知らぬ世界の花」として、地域別に珍しい植物や花を取りあげた。他の地域には分布しない固有種には奇妙な姿や花が少なくない。本書では秘境や辺境の地で、目に焼きついた魅力に満ちた種類や利用を厳選し、地域ごとに紹介した。

秘境、辺境の植物には園芸品種の原種として使われる種類もあるが、ほとんどの種類は日本で目にすることのない花や植物である。新たな園芸植物の可能性も秘めている。

時が紡いだ秘境や辺境の知られざる緑や花の世界を案内しよう。

＊本書は、小原流機関誌『小原挿花』連載の「世界の絶景植物」（2022年度）、またマミフラワーデザインスクール月刊誌『FLOWER DESIGN life』連載の「世界の花を巡る」（2022〜2023年の一部）を再編集したものです。

chapter

1.

織りなされる絶景

世界には見たことの無い景色がある。
見たことの無いそれぞれの
環境に適した不思議な植物と、
生育地が一体となり
織りなされる絶景を訪ねよう。

高地の奇妙な巨草
エチオピアのジャイアントロベリア

Ethiopia

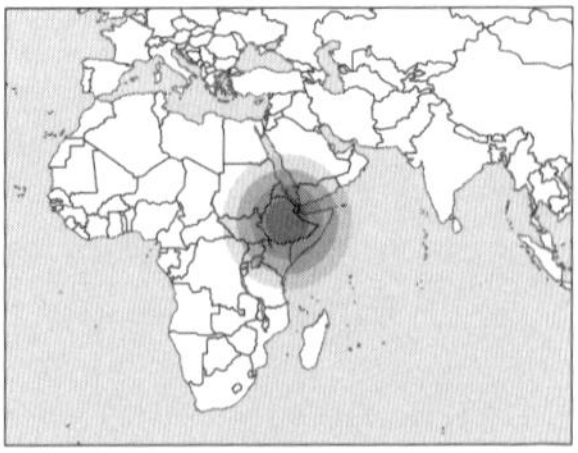

エチオピア連邦民主共和国は東アフリカに位置し、面積は約109万7,000平方キロメートル（日本の約3倍）。国土の大部分はエチオピア高原を中心とした高地で、首都のアディスアベバ（標高約2,400メートル）では、年間を通して平均最高気温23度前後、平均最低気温16度前後。気候は雨期（6月から9月頃）、乾期（10月から1月頃）に分かれる。

高山の巨草

アフリカの屋根と呼ばれるエチオピア高原。その屋根の棟《むね》にあたるところにシミエン国立公園がある。エリトリアとの国境に近く、３６００メートルの高地を未舗装の狭い車道が走る。

エリカの茂る林や畑を通り過ぎ、岩山の斜面を抜けると、突然、草原が広がり、植物の絶景が展開した。背丈をはるかに超す巨草、ジャイアントロベリアが林立、群生していた。

ロベリアはキキョウ科のミゾカクシ属で、日本にもサワギキョウなどが分布し、ロベリアの名の鉢花も出回るが、小さな草花に過ぎない。一方、小笠原諸島に特産するオオハマギキョウは、花茎《かけい》が2メートルにもなるが、茎は細い。

エチオピアのジャイアントロベリアは、茎の直径が15センチにもなり、幹のように太い。花時には、茎先から花茎が倍近く伸びるので、高さは5メートルになる。

葉も大きく、幅が15センチくらいで、長さは50～70センチ。それがロゼット状に数十枚密生して「幹」の上部に展開する。ヤシの木のような姿で、枝は全く出ない。もし、上部が傷むと枯れてしまう。

花はロゼット葉の中心が伸びた花茎に密生し、結実すると葉をはじめ、株全体が枯れてしまう。タケやリュウゼツランと同じ開花、結実習性なのである。

健全な群落

シミエン山は国立公園になる前から住む村人が今も畑を耕し、ヤギやヒツジを放牧し

高山に林立するジャイアントロベリア。シミエン国立公園。3,600m

ている。ジャイアントロベリアの生育地もヤギやヒツジの群れが放されている。背の低い若い株の葉は家畜の口が届く範囲に茂るが、家畜は食べない。地際に生える短いイネ科の草などを繰り返し食べても、近くの豊かなロベリアの葉は口にしない。おそらく苦くて嫌いなのであろう。そのため、ジャイアントロベリアは被害にあわず、小苗や若い株も混じる健全な群落が保たれているとみられる。

それにしても赤道近くとはいえ、冬は氷点下に下がる高山である。そこで巨草が育つのは、どんな仕組みがあるのだろうか。いくつかの要因があげられよう。

一つは湿地。サワギキョウの名が示すようにロベリア属は湿地を好む。ジャイアントロベリアの生える場所も岩盤上で、土は浅いが、水が貯まりやすく、競合する樹木は育ちにくい。

二つ目は茎の特殊性。幹のように太く表層が堅いので、保温性に優れ、夜間氷点下になっても内部は凍らない。陽が昇ると、熱帯なので気温は上昇する。

茎は網目模様が目立つ。網目一つ一つが葉の跡で、維管束《いかんそく》が木化し、らせん状に絡みあって表層を形成している。

ジャイアントロベリアは見かけだけではなく、内部構造も奇妙な植物なのである。

「幹」の網目模様は葉痕で、外皮の下は堅い維管束が絡まる

1

1.太い花茎に苞葉が密生。開花後は枯死する。手前は若い株／2.樹木と棲み分けるジャイアントロベリアの群落／3.ケニア山のジャイアントロベリアの花穂。苞葉の中に花／4.ロゼット葉は直径1mにもなる／5.ヒツジはジャイアントロベリアを食べない

高山の女王
カナリア諸島（スペイン）のエキウム

Canary Islands

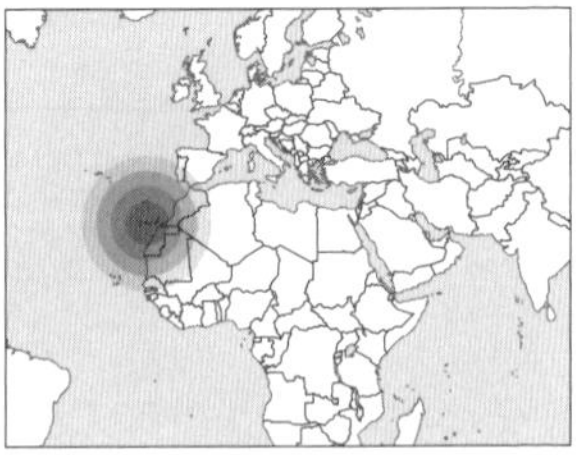

スペインのカナリア諸島は、アフリカ大陸の北西沿岸に近い大西洋上にある七つの島からなり、これらの島々でカナリア諸島自治州を構成する。比較的温和な気候で、年間降水量は少ない。標高の高い山もあり、テネリフェ島にはスペインの最高峰ティデ山（3,718メートル）、グランカナリア島にはテヘダ山（1,949メートル）などがそびえる。

枯れても美しい景観

5月、3度目の訪れで念願の花に出会った。西アフリカの大西洋上のカナリア諸島。中心地はテネリフェ島で、主峰のティデ山（3718メートル）の2000メートルの高地に、その花の塔は、林立していた。ムラサキ科のエキウム・ウィルドプレティである。3メートルにも達する花茎に、千を超えるほどの花が密生して咲く。周辺の低木より群を抜いて立ち、さながら高山の女王を思わせる。

開花、結実した後に株は枯れ、葉は落ちるが、花茎《かけい》や細い花枝はそのまま残る。年を経ると、さらされて白くなり美しい。ただ、見た目にはきれいでも、白くて細かい刺《とげ》がびっしり。触ると肌を刺す。

多年草で、葉は細長く、長さが20センチほど。それが密生してロゼット状に重なり、一かかえほどもある半球状に育つ。そして花茎をあげるが、生育地は火山の岩礫地《がんれきち》で、乾燥し、養分も少ない。開花までに一体、何年かかるのだろうか。

ティデ山の斜面の裸地《らち》に生えているが、開花株より白く枯死した株がはるかに多い。開花株は確かに目を引くものの、未開花の多いロゼット葉が点在するに過ぎない。以前見かけた道辺の大株が開花した周辺でも、苗は見当たらない。見渡す範囲で、唯一苗が育っていたのは、道路の側溝だった。雨が少なくなり、水不足で、次世代が育っていないのであろう。

エキウム属の中心地

カナリア諸島はアフリカのガラパゴスに例えられ、植物は固有種が多く、4割に及ぶ。

エキウム・ウィルドプレティの花塔。
右後方にはティデ山

エキウム・ヴィレスケンスの群生

ただ、ガラパゴスが大陸と全く陸続きにならなかった海洋島であるのに対し、カナリア諸島では主要な7島のうち、東側の2島はアフリカ大陸とかつて陸続きであった。中心のテネリフェ島などを含む西側の5島は、ガラパゴスと同じく、海底火山が形成した。そのため、植物はガラパゴス以上に多様である。

エキウム属はヨーロッパからシベリア、アフリカに広く分布するが、最も種類が多い地域はカナリア諸島で、全体の4割にもあたる25種が集中する。

カナリア諸島のエキウム属は低木から多年草や一年草、大型種など、形態が変化に富む。生育地も海岸近くから亜高山帯と幅広い。

エキウム・シンプレックスは、ウィルドプレティ種に似る大型種だが、花は白く、雄しべが花弁よりはるかに長い。ウィルドプレティの雄しべは花弁より少し長い。また、低地の岩場に分布し、棲み分けるが、数がさらに少ない。

ヴィレスケンス種は、雲霧帯まで分布し、株立ちして花茎は密生、背丈ほど伸びる。オノスミフォリウム種はグランカナリア島の山地に生え、花茎は1メートル以下。

エキウム属は、日本ではあまり知られていないが、広めたい花である。

エキウム·ウィルドプレティの密生する花

1

2

1.エキウム・ヴィレスケンスは花穂が密生／2.霧の中のエキウム・オノスミフォリウム／3.ティデ山の2,000mに群生するエキウム・ウィルドプレティ／4.エキウム・シンプレックス

森の母のバオバブ楽園

マダガスカルのバオバブ

Madagascar

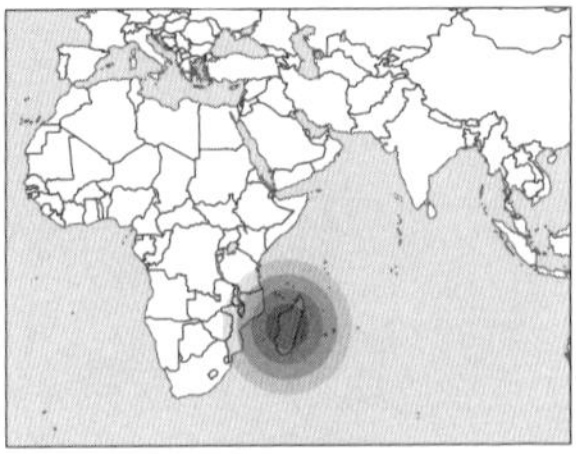

マダガスカル共和国は、アフリカ大陸から約400キロ南東沖、西インド洋に浮かぶマダガスカル島を中心とした島々からなる。面積は約58万7000平方キロメートル(日本の約1・6倍)。高温の雨期(11月から4月頃)と、比較的低温の乾期(5月から10月頃)に分かれる。東部には熱帯雨林があり、中央高地、西部と順に乾燥して、島の南西部と南部の内陸は乾燥地帯となる。

内陸の巨木群落

「ウォッカ」。マダガスカル語で止めてと、ドライバーに頼む。もうもうと舞う砂塵《さじん》の中、水田が広がり、先の丘に、遠目でもはっきりとわかる巨木の林立。バオバブだ。

空港のある町から未舗装の悪路を6時間余り、アカシアが茂る乾生林を抜け、3年ぶりに目にする光景。前回は先を急いだため、立ち寄ることができなかった。

見渡しても、直接丘へ行ける道はない。回り込んだ村を経て、橋のない川を横切り、訪れた地は、バオバブの楽園だった。

マダガスカルの中部を西に流れる大河マンゴキ川に面した丘に、バオバブが50本余り悠然と立つ。車道から離れているため、川に行く村人が時おり通るくらいで、心ゆくまでバオバブの絶景パノラマに浸れる地である。

マダガスカルのバオバブは、アフリカとの共通種を含めて8種が知られ、西側の北部から南部の乾燥地に分布が異なり、原則棲《す》み分ける。グランディディエリー種は、観光名所のムルンダヴァをはじめ、中西部海岸から10キロ以内に自生

水辺のグランディディエリーバオバブと熱帯スイレン

1.ムルンベ東北の枝が伐られていないバオバブ／2.写真上はマンゴキ川沿いのグランディディエリーバオバブ群落。下はその雨期の様子。左側に村人

が多い。ところが、今回取り上げたバオバブの楽園は、河口から70キロも入った内陸にある。土が薄く、下が岩盤で、農耕に適さない地だったため、開墾されなかった。村人が「レニアラ（森の母）」と呼び、大切にしてきたことも絶景の要因であろう。

自然と人為の造景

マダガスカルの西部には、幹が樽型《たる》のバオバブの群生地がある。ムルンダヴァと同じグランディディエリー種だが、そのすらっとした巨木とはとても同種に思えない。太くて、ずんぐりした姿である。両者が同じ種であることは、花や果実の形に相違がない点からも明らか。では、どうしてそのような著しい違いが生じたのであろうか。理由は二つ。一つは自然環境。他は人為的な要素に起因する。

樽型をしたバオバブの自生地は、マンゴキ川の広大な河口デルタ地帯の南に位置する街ムルンベから40キロほど南下した海岸近くにある。石灰岩地域で、雨期の満潮時にはさほど離れていない場所にまで汽水が押し寄せてくる。ただし、樽型のバオバブ自体は、その影響を受けない岩上で育っている。

石灰岩地帯は乾燥を伴う。しかも年間の雨量が１００ミリに満たない。水分の制限を受け、高くは成長しないが、短い雨期の雨水をめいっぱい貯めこみ、樽型の樹形となった。

バオバブは幹上部にしか枝が展開しないものの、太い枝に割合細い枝も混じる。ところが、樽型は太い枝のみで、短い。これは村人が細い枝を伐ったからである。水が乏しい乾期に、家畜のコブ牛に水を含んだえさとして与え続け、樽型の幹と合わせて、はからずも盆栽のような樹姿ができあがった。

樹皮下光合成

バオバブは一般に葉を落した乾期の姿で紹介される。それは八か月も乾期が長く続き、その姿で目につきやすいからであろうが、葉が茂る姿もすばらしい。

ふつう落葉樹が葉を落している時期は寒い冬で、休眠中である。ところが、バオバブは熱帯や亜熱帯に分布し、落葉期にも気温が高い。そのために冬の休眠と違って呼吸が必要で、エネルギーを消耗する。それを補っているのが、樹皮の下を覆う葉緑素による樹皮下光合成である。大木の割には葉が少ないのも、幹が光合成できるからなのである。

1.ムルンベ南の石灰岩上のバオバブ群落／2.グランディディエリーバオバブの花。雄しべは1,000本にも／3.フニィバオバブの花／4.水田近くで水分に恵まれた高木のバオバブ／5.夕日とムルンダヴァのバオバブ

4

5

赤の絶景

南アフリカのアロエ

South Africa

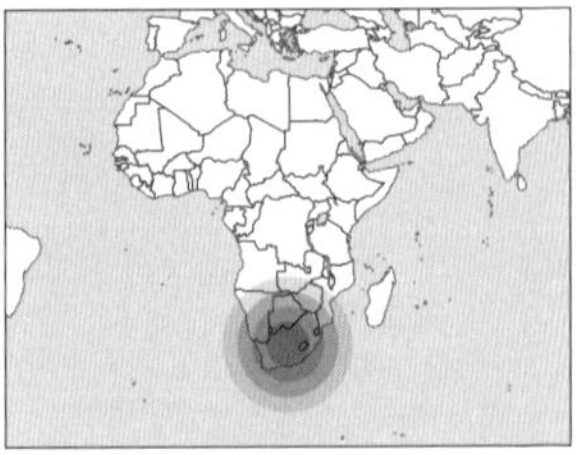

南アフリカ共和国はアフリカ大陸最南部に位置し、アガラス岬を境にして東側にインド洋、西側に大西洋が広がる。面積は約122万平方キロメートル（日本の約3.2倍）。夏期は10月から3月頃、冬期は5月から8月頃で、北部は9月、南部は11月から3月は雨期。気候は比較的温暖だが、海岸部以外は高地で、冬期は氷点下に下がることも。

世界最大のアロエ群落

乾ききった山道を四輪駆動車で上がりきったとたん、展望が広がり、息をのんだ。一面が真っ赤だった。

南アフリカの北西、ナミビアとの国境に近いリヒタースフェルド国立公園の8月。南半球は冬にあたるが、木の紅葉ではない。なんとアロエの大群落が赤く染まっていたのである。背が低いピアルソニィという種《しゅ》で、それが何千株も見渡す限り全面の丘の斜面に、へばりつくように茂り、紅葉していた。

アロエ・ピアルソニィは、葉が四方に出て上から見ると十字に並ぶ。高さ1メートルで株立ちし、本来は葉が青っぽい。それが赤くなるのは乾燥が続いた時。もともと年間の雨量が300ミリほどの乾燥地で、その上、全く降雨のない干ばつがしばしば起こる。標高が800メートルほどあり、冬に気温が10度を下回り、干ばつと重なると赤い絶景を生む。

アロエは野生種がアラビア半島からアフリカ、マダガスカル島に300種以上知られるが、その中心はマダガスカル島と南アフリカである。種類が多いだけに変化に富み、各地で独特な景を構成する。特に幹が木化して太く、高さが数メートルから10メートルに達するツリーアロエと呼ばれる一群が、際立つ景観をもたらす。

次世代を欠く「化石」景観

ツリーアロエは近年アロイデンドロン属とし、アロエ属から分離する見解も出されている。

赤い土に赤いアロエ·ピアルソニィの大群落。リヒターズフェルド国立公園

その一つディコトマ種は、枝が二またに分かれるのが特徴で、ナミビアの南部と南アフリカの北西部の、国境のオレンジ川をはさむ乾燥地に分布。場所によっては林立し、樹木が育たない地で、遠くからでも目を引く。

ディコトマ種より西の、乾燥した丘の岩場には別種のアロエ・ピランシィが分布している。ディコトマとは枝の数は少ないが、さらに太く、高く育つ。大株では根元の直径が1メートルを超し、高さが10メートルにもなる。アロエは多肉植物として知られるが、ツリーアロエが示すように、祖先は樹木であったとみられる。ツリーアロエの幹は木のように堅く、内部は木化した組織に、スポンジのような空洞があり、そこに水分を貯めている。樹木から多肉植物化する過程の形質を残す、一種の化石的な存在といえよう。

ところが、ピランシィもディコトマも、苗や若木はほとんど見られない。雨の降り方が変わり、雨量がさらに減り、次世代が育たないのである。親も枯死が目立ち、景観の変容も危惧《きぐ》される。

リヒターズフェルドの砂漠地帯は「リヒターズフェルドの文化的及び植物学的景観」として世界遺産に登録されている。

南アフリカ北西部のアロエ・ディコトマの古木

孤高のアロエ・ピランシィ

1.サバンナに咲くアロエ・クラヴィフローラ／2.並び立つピランシィの枯死株（左）と若い株（右）／3.アロエ・ピランシィの枯れた幹。木質が残る

栄華の面影
ギリシャのシクラメン

Greece

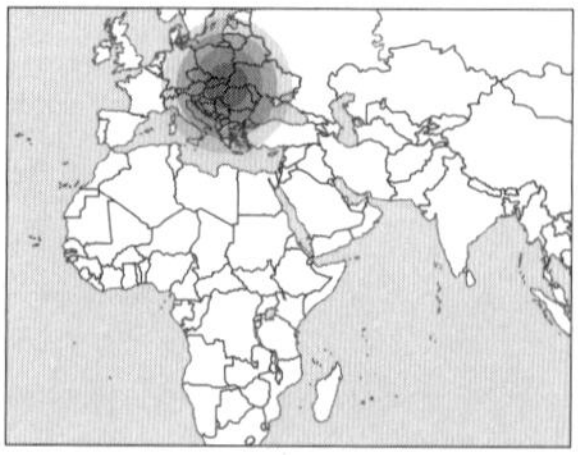

ギリシャ共和国はヨーロッパ南東部、バルカン半島南部の半島とエーゲ海などに点在する島々から構成される。面積は約13万2,000平方キロメートル(日本の約3分の1)。最北部の山岳地帯をのぞき、ほぼ全土が地中海性気候で、温暖湿潤な冬期(12月から3月頃)と、乾燥高温な夏期(6月から9月頃)に分かれ、年平均降水量は少ない。

石灰岩上の花

ヨーロッパ最古の文明の地、ギリシャ。地中海のクレタ島から始まった文明は、ギリシャ本土へと移行し、ミケーネで花開いた。19世紀にドイツのシュリーマンが発掘するまで伝説と思われていた遺跡は、意外な場所にあった。

人家から離れ、マツなどの木が生える山に囲まれた低い丘、そこが王宮だった。丘の基盤は石灰岩で、その上に城壁が築かれている。10月、城の入り口の獅子の門に向かうと、すぐにピンクの花が目を引く。灰色をした石灰岩の隙間から鮮やかな彩りの花が群がる。シクラメンだ。

日本で出回るシクラメンと違って葉がない。花だけがまず咲く秋咲きの種類で、葉は花の後に展開する。

向かい合う2頭のライオンが彫られた石のレリーフの下の門をくぐって城内に入り、坂を上り切ると王宮跡に至る。と言っても、土台や壁の一部が残るのみ。丘の頂は自然の岩場が広がる。その低い石灰岩の隙間に、シクラメンがちらほらと咲いていた。まるで荒涼とした遺跡の昔の華やかだった名残のよう。

ミケーネの遺跡のシクラメンは、石灰岩地の陽のよく当たる場所を好む種類で、グラエクム種という。ギリシャの南部のペロポネソス半島東部には石灰岩地帯があり、そこにグラエクム種は点在する。

生育地の異なるシクラメン

ペロポネソス半島には古代の遺跡が少なくない。ミケーネは東北に位置し、中南部に

1.ヘデリフォリウム種の花園。オリンピア遺跡
2.ミケーネの獅子門脇の城壁に咲くグラエクム種の花

2

スパルタ、西部にオリンピアの遺跡がある。グラエクム種はスパルタの石灰岩の山にも生えるが、訓練のために若者が集団でこもったタイゲトス山を越した西側には、別種の秋咲きのシクラメンが分布する。ヘデリフォリウム種で、葉の形がセイヨウキヅタに似るとして名づけられた。ツタバシクラメンの名でも呼ばれる。

ヘデリフォリウム種は、林床《りんしょう》などやや湿った木陰や草原を好み、石灰岩地には生えない。古代オリンピック競技発祥のオリンピア遺跡は、広大な敷地に数々の遺物の跡が残る。その入口近く、マツの木立のそばの草叢《くさむら》にヘデリフォリウム種が群生し、10月に花が咲き並ぶ。それは植えられたのではない。オリンピア遺跡には、ゼウスの父親クロノスの山もあり、もともと自生していたとみられる。

ヘデリフォリウム種とグラエクム種はよく似ているが、野生では生育地が違う。栽培種でも花の模様や球根で見分けがつく。ヘデリフォリウム種は花口《かこう》にはっきりした濃いV字状の紋があり、葯《やく》は黄色。球根は扁球《へんきゅう》で根が上部からも出る。グラエクム種は花口の赤紫色の紋が弱くて数本、葯は黒紫色。球根は丸く、根は下部のみ。

両種とも花茎は花後に巻いて輪（サイクル）を作る。ふつうの栽培種にはない、シクラメンの語源となった特徴である。

花茎が花後に巻くヘデリフォリウム種

1.ミケーネ遺跡の石灰岩に生えるグラエクム種の花
2.王宮跡の石灰岩の隙間に咲くグラエクム種

3.丸い球根の下部のみ根が張るグラエクム種
4.ヘデリフォリウム種の花は花口にV字の紋

道端の絶滅危惧種
アルメニアのアイリス

Armenia

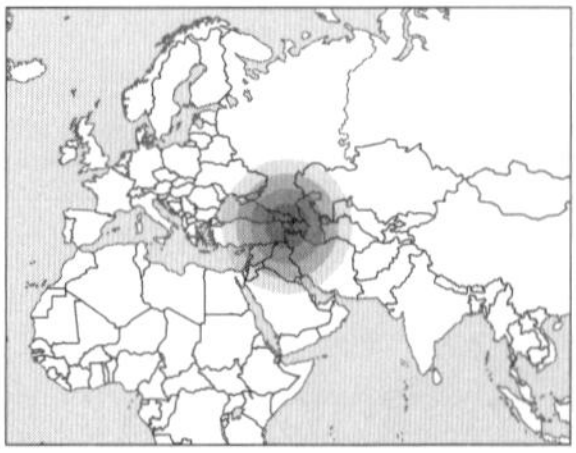

アルメニア共和国は、黒海の南部、カスピ海の西部に位置する。面積は約3万平方キロメートル(日本の約13分の1)。平地はほとんどなく、北側に小コーカサス山脈が、西側にはアルメニア高地が広がり、国土の90パーセントが標高1,000メートルから3,000メートルである。低地はステップ気候で、雨量が少なく、高地は冷帯湿潤気候で雨量が多い。

絶滅危惧の花

「珍しいアイリスを見せよう」と、アルメニアの国立科学アカデミーの教授に案内された場所は、意外にも首都のはずれだった。

富士山に似たアラガット山を遠望する道端の草原に、そのエレガンティシマ種は花をあげていた。アルメニアの絶滅危惧種だが、地元の人は関心がないようで、そばの道を女学生たちがおしゃべりをしながら通り過ぎていく。

野生のアイリスは北半球に広く分布し、地域によってグループが異なる。日本に自生するアイリスは、アヤメ、カキツバタ、また、ハナショウブなど、似ていて慣れないと見分けがつきにくい。一方、アルメニアのアイリスは各種の特徴が際立つ。

エレガンティシマ種はエレガントを意味するが、花は横から見ると、アフリカにでもいそうなサルの顔みたいだ。太い鼻や目のようなものは、花柱《かちゅう》枝という雄しべの変形した部分で、樋《とい》を裏返したような構造をしている。その中に雄しべの細長い葯《やく》が収まっている。

頬《ほお》や顎《あご》のように見える部分は、下側の外花被《がいかひ》で、額《ひたい》から頭にあたるのは、上側の内花《ないか》被《ひ》である。

花は大きく、外花被は6・5センチ、内花被は7・5センチになる。草丈が30センチ以下なので、花の大きさがより引き立つ。4月から5月に咲く。

多様な色合いの妙

アルメニアは九州の8割ほどの面積の国で、国土の半分は1800メートルを超える

1

1.首都のはずれの草原に群生して咲くエレガンティシマ種／2.エレガンティシマ種。内花被が展開する前（上）と展開後の白い内花被が目立つ花姿（下）

山地が占める。小コーカサス山脈が北西から南東に走り、3000メートル以上の山が30を超す。北部は地中海、南部はイランにつながる気候区のもと、12の植生区を数え、面積は狭いが種類は多く、変化に富む。アイリスもユニークな種類が見られる。

首都から150キロ南下、人家の途切れた山中、道端の草に、一瞬大きな黒っぽい蛾《が》が止まっているように見えた。車を降り、近づいてみると、なんとアイリスの花だった。種名《しゅめい》はパラドクサ。その意味する「意外な」、「奇抜な」や「逆」が、花の特徴を物語る。

パラドクサ種の基本的な構造は他種と変わらないが、外花被は狭く、虫の胴体と左右に広げた羽のようで、太い1本の横縞《よこしま》や多数の短い縦縞《たてしま》が、それらしく見せる。花柱枝は甲虫の羽を思わせる。

一方、内花被はアヤメなどとは逆に、外花被より大きい。この点でも珍しい。リコリス種は黒紫色の花を咲かせ、光線の具合によっては黒く見える。リネエアータ種は、外花被、内花被ともに縞が目立ち、シマアイリスとでも呼びたい。アトロパターナ種は高山性の小型種で、地際から一つの花が咲く。アルメニアのアイリスは生態的にも多様なのである。

まるでサルの顔のようなアイリス･エレガンティシマの花

1

2

1.内花被が外花被より大きいアイリス・パラドクサ／2.縞模様が特徴のアイリス・リネエアータの花／3.黒っぽい花が咲くアイリス・リコリス／4.高山のがれ地に咲くアイリス・アトロパターナ

シャクナゲの路《みち》

シッキム（インド）のシャクナゲ

ロードデンドロン・ロード

右側は絶壁、左側はオーバーハングの崖、道路は狭い一車線。インド人の運転手の腕を信じて、ひたすら対向車の無いことを願う。そんな場所が続く深い渓谷沿いの山岳道路を2時間、やっと目的地のユムタン村が見えた。

紅茶の産地ダージリンの東から、かつての王国シッキムに入り、ヒマラヤ手前の山々

Sikkim

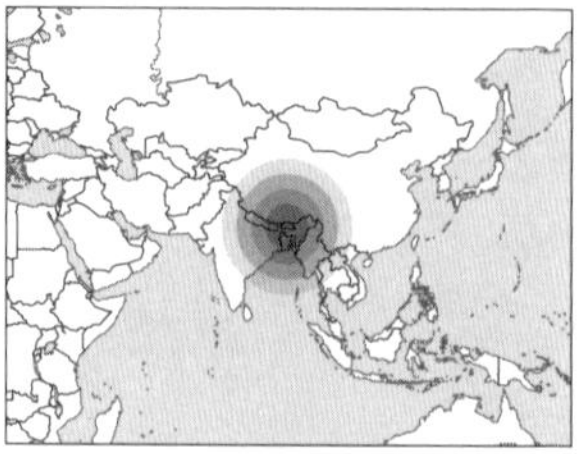

シッキム州はインド28州の一つで、ヒマラヤ山脈南麓のネパールとブータンの間に位置する。インド最高峰となるカンチェンジュンガ（標高8,586メートル）がそびえる。気候は熱帯から温帯、高山の寒帯まで多様だが、北部では1年のうち4か月ほどの期間、雪で覆われる。また6月から8月頃はモンスーンの季節になる。

を走り、途中2泊。インド軍や警察のチェックポイントを3回過ぎるという、長い道のりだった。標高2600メートルの小さな山村、ユムタン。そこから豊かなシャクナゲの世界が始まる。

シッキムはブータンと並ぶシャクナゲの宝庫だが、途中見かけたシャクナゲは3種に過ぎなかった。ところがユムタンからチベットに向けては、「ロードデンドロン・ロード」と呼びたいほど。4月、5月は多様な花で彩られる。わずか10キロ足らずの間に見られた原種は25を数えた。

基本的には標高によって棲《す》み分けるが、分布が重なる種もある。特に移行帯ではその傾向が強い。時には別種が隣り合うなど、狭い場所で入り混じる。

3000メートルから3800メートルの間で最も多かったのは、3450メートル辺りでの4種混生だった。同じ場所に咲き、花期も同時期なら雑種が生じる。ユムタン渓谷でもいくつも見出せた。

花も葉も多様

シャクナゲはロードデンドロンと呼ばれるが、ロードデンドロン属にはツツジも含む。

①

②

1.ロードデンドロン・トムソニィの群生。標高3,150m／2.ロードデンドロン・ウォリキィ。標高3,550m／3.ウォリキィ種とトムソニィ種の混生。赤桃色の花（右下）は両種の雑種。標高3,400m

日本ではシャクナゲより圧倒的にツツジが多いが、ヒマラヤでは逆に、ツツジは分布していない。そのかわり、シャクナゲの多様性には目を見張らせられる。

高さ10メートルを超す高木から、地面を這《は》うような矮性《わいせい》種まで、大きさはさまざま。葉も長さが30センチにもなるビワの葉状や、2センチ足らずの種もある。花も赤、藤色、ピンク、オレンジ、黄、白と多彩である。

生態的にも樹木に着生する種、岩上で育つ種、トウヒなどの針葉樹下でも耐えられる種も見られる。

構成される種は3通りに分けられる。一つはアルボレウム種のように、ミャンマーやスリランカまで分布が及ぶ広域種。2番目はヒマラヤ中心で、一部が中国西部に達する種で最も多い。三つ目としてホッヂソニィ種のように、シッキムのほかブータンの一部に固有の種がある。

デキピエンス種はシッキムのみで知られるが、これは雑種とされる。雑種が生じやすい同所性は急峻《きゅうしゅん》な氷河地形によろう。氷河や積雪で崩壊した新しい地は、標高の違いで棲み分けていた別種が隣り合う機会を生み、陽光を好むシャクナゲにとって、針葉樹に阻まれずに生育できる。シャクナゲの多様な世界をもたらした要因であろう。

1.トムソニィ種の花。萼（がく）が大きい／2.トムソニィ種とウォリキィ種の雑種の花／3.ウォリキィ種の花。萼が小さい

1

1.ロードデンドロン・ウィティ。標高3,850m／2.ユムタン渓谷の各種シャクナゲの花と葉 3.ロードデンドロン・ホッヂソニィ。葉は長さ30cm。標高3,200m

12年ごとの花園

インド（南部）のニーラクリンジ

South India

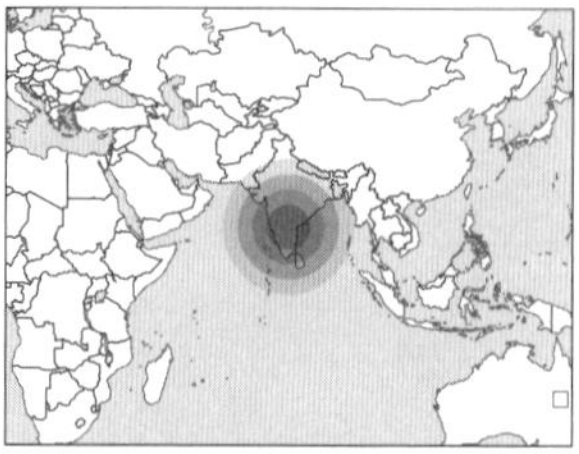

インド共和国は、面積が約328万8,000平方キロメートルで、広大な国土から地域により気候は大きく異なっている。南インドのほとんどはデカン高原が占めており、年間を通しての気温差は少なく、低くて20度超、普段は30度から35度程度。雨期（6月から9月頃）は豪雨となることもある。特にインド半島南西部、アラビア海に面し、南北に長く延びたケララ州は多雨で知られる。

12年に一度咲く花

２０１８年9月、インドの南部でその花は、予測された通り、12年ぶりに咲き、花園をつくった。

名は地元ではニーラクリンジと呼ばれているキツネノマゴ科の低木である。花は一か月ほどで咲き終わり、結実した後、翌春には何万にも及ぶ株がいっせいに枯れてしまつた。現在は若木が育っていて、次の開花は２０３０年とみられる。

この12年ごとの開花のサイクルは１８３８年から記録されていて、16回を数える。

ニーラクリンジの生えている場所は、古生代の南半球に展開していた超大陸、ゴンドワナ由来の岩山である。長い年月の浸食を受け、頂上は丸くなったものの、急峻《きゅうしゅん》な岩肌がむき出しになっている。

その頂上や裾にニーラクリンジはやぶ状に茂る。岩山以外にも生えているが、場所は崖に限られる。周辺の平地の多くは、紅茶用の茶畑に開墾され、自然林は熱帯なので樹が高い。陽《ひ》を好み、せいぜい高さ2メートルのニーラクリンジにとって、他の樹が育ちがたい、土の浅い岩場や崖は、格好の生育地なのであろう。

現在ニーラクリンジが最も多く生えている場所は、ケララ州のエラヴィクラム国立公園である。１９７８年に制定され、面積は百平方キロ足らずだが、南インドで最高峰の標高２６９５メートルを含む、１７００メートル以上の山地である。

ニーラクリンジはストロビランテス属に分類され、日本ではイセハナビ属の名がつけられている。イセハナビは中国原産で、スズムシバナは近畿地方以西に、リュウキュウアイは九州南部以南に分布し、ユキミバナが１９９３年、福井県で新種として記載され

岩山の裾に広がるニーラクリンジの花園

た。

ストロビランテス属は中国からインドにかけて種類が多く、350種以上が知られる。中でも種《しゅ》が集中するのはケララ州で、57種が知られる。エラヴィクラム国立公園では20種みられる。

ニーラクリンジは陽光地を好むが、多くの種は林内や林縁《りんえん》に生える。同一属が同じような環境で何種も隣接しているのだが、雑種は知られていない。なぜだろうか。

一つは開花習性である。花は毎年咲かない種が多い。ケララ州産で、開花習性が判明している50種中、毎年開花する花は4種に過ぎない。確定している最も長い年数は16年で、以下、15年、13年、12年、10年、8年、7年、6年、5年、4年、3年、2年と咲き分ける。加えて花の構造から訪花昆虫も異なり、同所性であっても雑種ができにくいのであろう。

2018年には6種の開花を確認した。12年ごとのニーラクリンジをはじめ、10年目に咲くグラキリス、6年のルリドゥス、5年のネオアスペル、3年のウルケオラリス、それに毎年咲くプルネイエンシスで、そろって咲くのはなんと60年ぶり。

ニーラクリンジと呼ばれるクンシアヌス種の花

森林との境に咲くニーラクリンジ。標高2,030m

1.谷筋に生えるルリドゥス種。開花周期6年／2.林内のグラキリス種。開花周期10年／3.林縁に生えるプルネイエンシス種。毎年開花／4.林縁に生えるウルケオラリス種。開花周期3年

天上の花畑に灯る三原色

四川省（中国）のメコノプシス

青いケシ

中国では高山にも車道が走る。四川《しせん》省の大都市成都《せいと》から車で4時間、4485メートルの巴郎峠に至る。切り通しを歩いて数十メートル下ると視界が開けた。と、そこに青い花が目に飛び込んできた。青いケシで知られるメコノプシスである。

メコノプシスは日本で「ヒマラヤの青いケシ」として有名だが、ヒマラヤだけに限ら

Sichuan

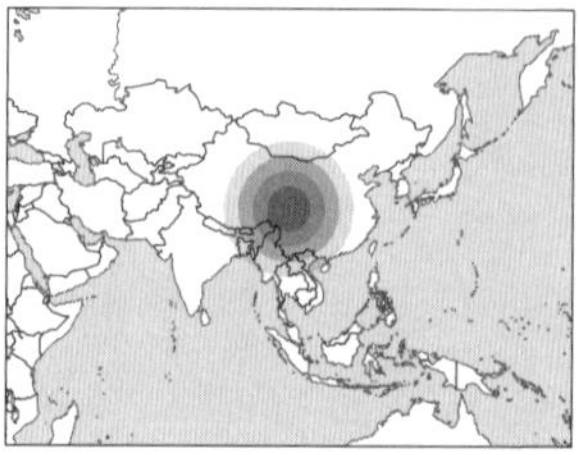

四川省は中国（中華人民共和国）の西南内陸部、長江の上流域に位置し、南北に流れる長江の支流が生み出した四川盆地と西部の高原地帯からなる。四川盆地は温暖湿潤気候に属して雨量も多いが、西部の高地は寒く、やや乾燥している。

ない。中国の西南部の高山にも分布が見られる。

ヒマラヤから中国、日本にかけて類似の植物が多く、植物区系は日華区系と呼ばれる。種《しゅ》は違っても属の単位では共通するのである。一方、メコノプシスは日本には達していない。またヒマラヤから中国西南部の四川省や雲南省の高山植物には、同じ種の分布が少なくない。日本で広まったヒマラヤの青いケシはメコノプシス・ホリデュラで、中国にも分布するが、それ以外の青いケシも中国に産する。メコノプシス・バランゲンシスもその一つで、近年記載された。

ホリデュラ種はポピーのように花茎の先に一つ花が咲く。一方、バランゲンシス種をはじめ、中国の青いケシは花茎《かけい》に複数の花をつける。

中国のメコノプシスの中心地は四川省の高山であり、22種を数える。ヒマラヤをしのぐ宝庫と言えよう。

3色そろった珍しい花

赤、黄、青の三原色は、色の基本だが、意外にも3色そろった花は、まずない。

野生種だけでなく、多様な園芸品種を含めても、バラやキクの青花、アサガオの黄花

1.バランゲンシス種。標高4,480m。7月下旬／2.バランゲンシス種の花の色変わり。標高4,060m／3.バランゲンシス種（右）とラケモア種の花

のように、足りない色がある。例外的にパンジーは黄と青、それに赤の花も見られるが、その赤は真っ赤ではない。

ところがメコノプシスは申し分のない、赤、黄、青の三原色の花を咲かせる。さらに、白、ピンク、紫の花もあり、同一属としては植物中最も色が多彩である。

赤花はプシケア種が代表的で、うつむいて半開きに咲く。花弁は4枚で、長さは12センチと大きい。高山の斜面に生え、花茎は80センチにもなるが、花は先端に一つだけつける。

黄花のインテグリフォリア種は、条件がよいと花茎は1メートルも立ち、10花ほど咲かせる。花弁数は6枚から8枚で、花径は20センチほど。

青花系のバランゲンシス種は、花色が変化し、真青、淡青、青紫、赤紫、暗紫色と、場所によって異なる。花弁は6枚から10枚。花茎や蕾《つぼみ》は鋭い刺《とげ》で覆われる。ホリデュラ種に似るが、葉に黒褐色の斑点《はんてん》が散在し、花の時期でなくても見分けられる。

ラモケア種はバランゲンシス種と同じ場所に生え、花期も重なるが花粉は白い。

一口に「青いケシ」と言っても、実情は多様で、奥が深い。

シノクラター種は雄しべの花糸が鮮やかな青

1.黄花のインテグリフォリア種、赤花のプシケア種、青花のバランゲンシス種の3種3色が混生。標高4,200m。7月上旬／2.4弁で下を向いて咲くプシケア種の花／3.インテグリフォリアの花

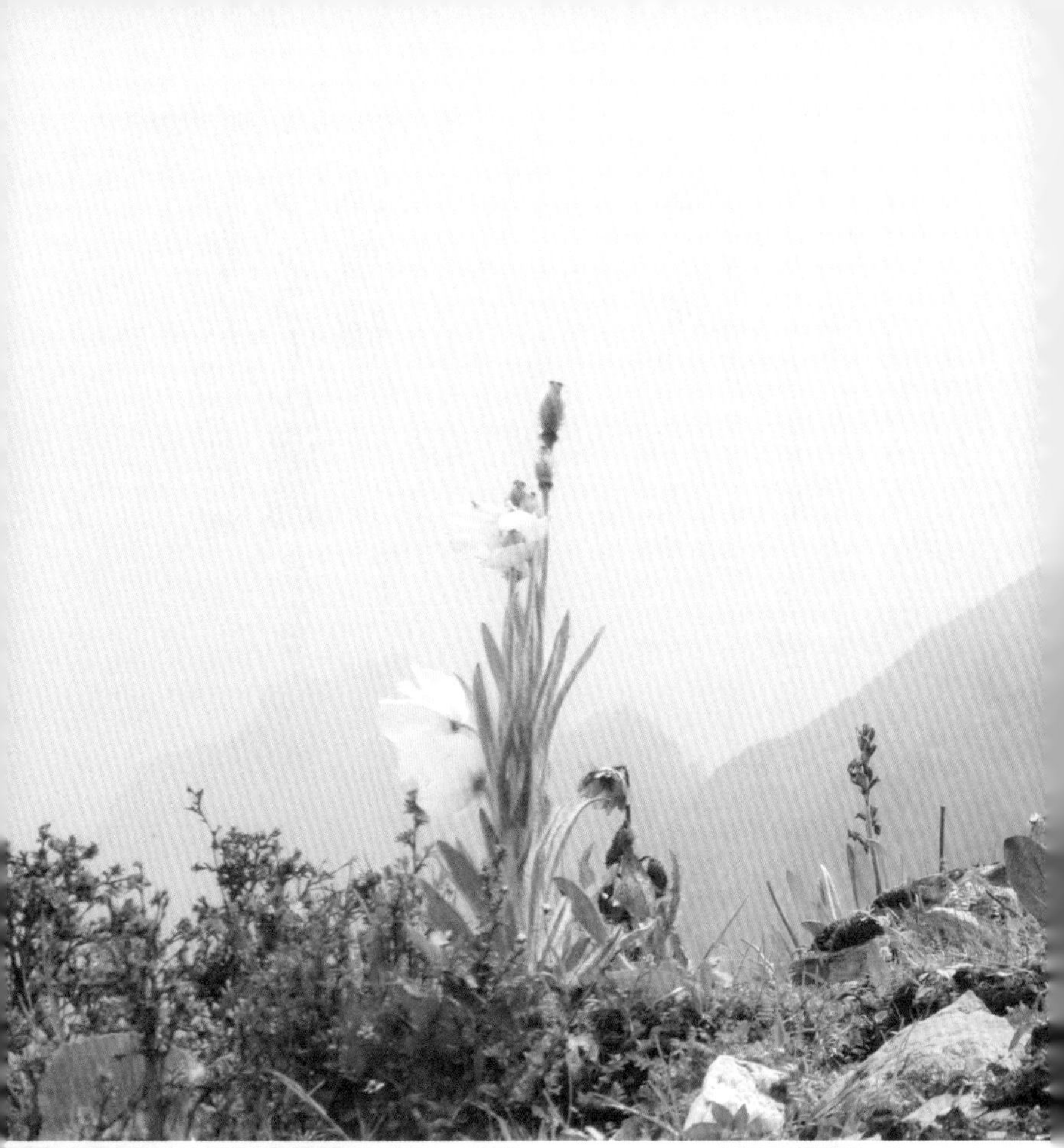

3

2

遺跡を飲み込む怪物

アンコール遺跡（カンボジア）の気根

Cambodia

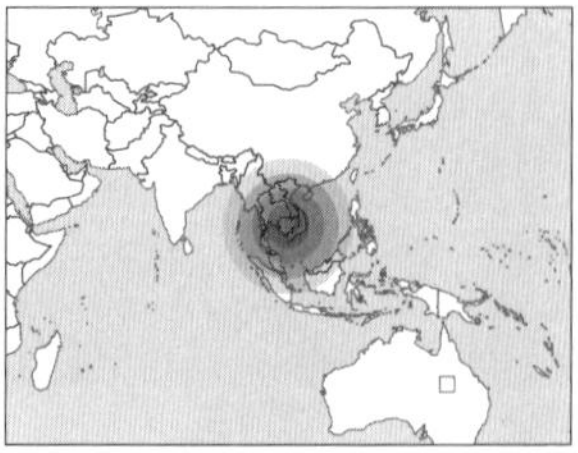

カンボジア王国はインドシナ半島南部に位置し、面積は約18万1,000平方キロメートル（日本の2分の1ほど）。熱帯モンスーン気候に属し、年間を通して20度から35度。雨期（5月から10月頃）と乾期（11月から4月頃）がある。アンコール遺跡は、カンボジアの北西部にあり、9世紀から15世紀前半、カンボジアの前身クメール王朝時代の遺跡群。

最大の気根

それは怪物だった。まるで陸に上がった大王イカのよう。建物の屋根にのしかかり、何本もの、人の胴体よりも太い根で壁面をかかえ込む。

正体は学名をテトラメレス・ヌディフローラという樹木。和名はない。近年のＤＮＡの解析から所属が明らかになり、ウリ科やシュウカイドウに近いウリ目に分類される。つる植物や草本がほとんどのウリ目の中で、木は際立つ。仮にウリモクノキと名づけておこう。

空中で伸びる根を気根《きこん》という。熱帯の木や着生植物に見られるが、ふつうは幹よりはるかに細い。ウリモクノキの気根は太いと幹より勝り、その太さは他に類を見ない。私の知る限り世界一である。そして長い。直径50センチもある根が、20メートルにも達する。

ウリモクノキの絶景が身近に見られるのは、カンボジア北西部のタ・プローム寺院である。そこには10本ほどウリモクノキの大木が、寺院の建物や回廊の上に、それらを押しつぶすように生えている。自然に運ばれて来た種子が芽を出し、五百年に及ぶ廃墟の寺院で育ったのである。

タ・プローム寺院は現在では観光客が押し寄せる人気のスポットで、ネットや観光のガイドブックにはウリモクノキがガジュマルなどのクワ科の木と解説されている。確かにその類の木もあるが、気根は細く、網状に伸び、識別は難しくない。

板根の高木

タ・プローム寺院はアンコールワットの東北に位置する。アンコールワットは１８６０年、フランスの植物学者アンリー・ムォーが密林に埋もれていた遺跡に出会い、世界に

タ・プローム寺院の回廊に沿って伸びるウリモクノキの気根と
気根が伸び始めた樹（左上）

知られた。それから一世紀半余り、今や人気の高い世界遺産である。ただし、遺跡の庭はフランスの植民地時代に整備されたため、木のない開放的なフランス式庭園のようで、発見当時をしのぶのは難しい。

アンコールワットの近くにあり、さらに大きい規模のアンコールトムの遺跡は、その中にまだフタバガキ科や縦溝の直立した幹のあるサルスベリ属の大木が林立する場所が残る。しかし建物に覆いかぶさる樹木は、そこもすべて撤去されている。

一方、タ・プローム寺院は発見当時のようすがが残されていて、ウリモクノキの他にも特色ある熱帯樹木が見られる。

境内の西塔門近くには板根《ばんこん》の高木が並ぶ。熱帯では激しい雨と活発な微生物の作用で、腐植質に富む土壌は意外に浅い。そのため高木を支える板根と呼ばれる根が四方に広がる種類が少なくない。

イルヴィンギア・マラヤーナもその一つ。ＤＮＡの分類からはヒルギ科の隣りに置かれるが、陸の大木で板根から延びた根が地表を取り巻く。マンゴーに似た果実が成り、中の硬くて扁平《へんぺい》な核を割ると「柿の種」ほどの種子が入っている。それを炒《い》ればナッツとして味わえる。

アンコールワットとオウギヤシ

ウリモクノキの気根。
右上に若い木

1.タ・プローム遺跡のコブフィクス(クワ科)の網状の気根／2.イルヴィンギアの板根

荒原の巨草

コロンビアのエスペレティア

Colombia

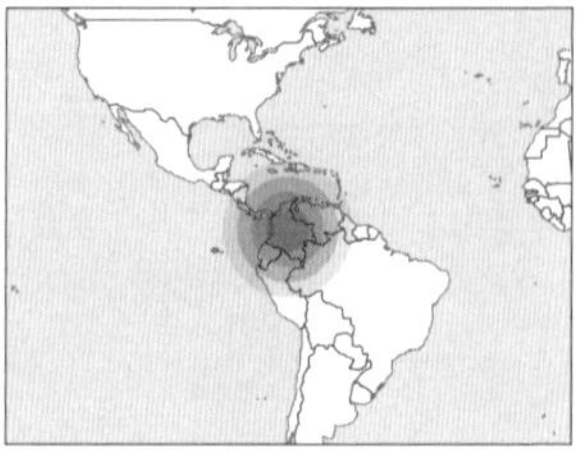

コロンビア共和国は、南アメリカの北西部に位置し、太平洋と大西洋の二つの大洋に面している。面積は約113万9,000平方キロメートル(日本の約3倍)。南アメリカ大陸の西、太平洋側を走るアンデス山脈の高度により気候は変化するが、基本的には熱帯に属す。

白い巨草

「そこはゲリラの領域」、と同行の地元の学生が言う。あきらめ切れずに現地ガイドに確認してもらったところ、通行が可能になったとのこと。

国道から山道に入り、牧場やジャガイモ畑を経て1時間。スマパッツ国立公園は期待に違わない、白い巨草エスペレティアの絶景だった。

エスペレティア・キィルリピィの花

2019年1月のコロンビア。1983年以来の訪問で、念願がかなった。当時は内乱のため首都ボゴタの市場すら大使館員が付き添ってくれたほどで、危険だった。国立公園の案内看板の無数の銃弾跡から、改めて内乱の激しさを実感した。ただ、林立するキク科のエスペレティアに影響はなく、眼前に広がるその壮大な光景に圧倒される。

3700メートルを越す高地には、もう木らしい木はない。広々とした湿原が冬で、黄金色に染まり、その先の小高い丘を見渡す限りエスペレティアの群落が埋め尽くし、さらにその先の山並みにも展開する。

エスペレティアは広義にはヒマワリなどの分類群に入り、花は小さいが確かにヒマワリを思わせる。一方、葉は地元ではウサギの耳にもたとえられるように細長く、白い毛で覆われて、美しい。また、ヒマワリとは違い、葉はロゼット状に密生し、枯れた後も何年も落ちず、茎にびっしりと残る。

1.エスペレティア・グランディフローラ／2.スマパッツ国立公園のエスペレティア・キィルリピィの大群落／3.株は直径1mにもなる

「パラモ」の主役

キク科はなぜか高山に巨草が群落を作る。キリマンジャロをはじめ東アフリカに分布するジャイアントセネシオ、ハワイのギンケンソウ、ギアナ高地のチマンタエア属などである。エスペレティアも、ベネズエラ北部西からエクアドル北部にかけてのアンデス山脈に分布する。その主な生育地は、「パラモ」である。

パラモはアンデスの高山の「荒原」をいう。中北部では3000メートルから4700メートルに見られ、3500メートル以下は低木も混じるが、それ以上は湿原や草原となる。そこにエスペレティアが好んで生え、しばしば優占し、絶景をもたらす。

エスペレティアは各地で種類が分化し、細分する見解では133種で、うち83種が、コロンビア産。一方、広義には、57種のうち44種をコロンビアに産するとみる。いずれも分布の中心はコロンビアである。

コロンビアの首都近辺でエスペレティアの大群落を見ることができ、訪れやすい場所には、南のスマパッツ国立公園のほか、北のチンガザ国立公園がある。そこには4種が分布。ウリベイ種は3500メートルあたりで木に混じって生え、ヤシのように頂《いただき》のみロゼット葉を広げる。それより標高が高いパラモはグランディフロ一ラ種の世界である。

3,700mに位置する湿地とエスペレティアの大群落

チンガザ国立公園のエスペレティア・グランディフローラ。3,700m付近

3,500m地点で、木に混じるエスペレティア・ウリベイ

天空の「驚くべき」花

チマンタテプイ（ベネズエラ）のチマンタエア

Venezuela

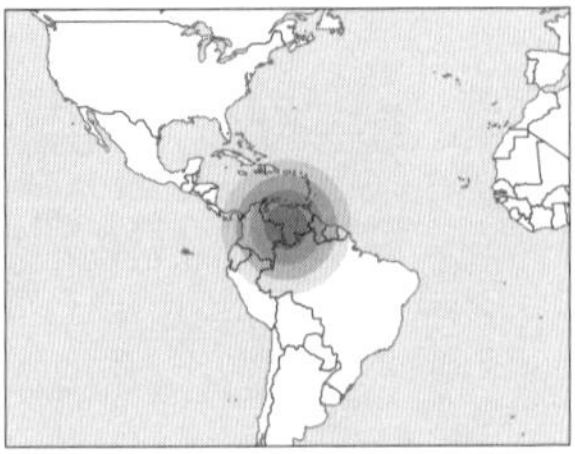

南アメリカ大陸の北部に位置するベネズエラ（ベネズエラ・ボリバル共和国）は、面積約91万2,000平方キロメートル。ベネズエラのギアナ高地は短い乾期（12月から2月頃）と長い雨期に分かれ、年間降水量は4,000ミリを超える。標高数百メートルから1,000メートルの垂直に切り立つテプイが、孤立した存在として点在する。

驚異的形態の妙

1996年、初めてそこを訪れたのは、軍用ヘリコプターによってだった。ベネズエラ南東のギアナ高地のチマンタテプイは、数百メートルの絶壁で隔てられた秘境である。その後7回足を運んだが、いずれもヘリコプターで降り立った。

チマンタテプイには植物の絶景が見られる。主役はチマンタエア・ミラビリスという。

その属名チマンタエアは地名に基づき、種名《しゅめい》ミラビリスは、ラテン語の形容詞で「驚くべき」という意味。チマンタテプイは直径が50キロもあり、コロンビア、ベネズエラ、ブラジルなど6か国地域にもおよぶギアナ高地の最大のテプイ（台地）で、いくつもの深いクレバスが走る。そのテプイの中央にミラビリス種は大群生している。

キク科だが、上空から見ると、まるでひしめき合い林立している柱サボテンのよう。

近づいても花がなければ、とてもキク科とは思えない。葉は松葉のように細く、枯れても長く落ちずに、びっしりと茎を取り巻く。1メートル以上の単茎《たんけい》で伸びた後に、茎頂《けいちょう》に一つ花が咲く。

開花に至るまで何年かかるのか不明だが、おそらく何十年も経るのだと思う。開花後に分枝するが枝は少ない。

茎は太く、木質化するものの芯の髄《ずい》は軟《やわ》らかい。木から草への移行段階の形態である。キク科は草本と思われがちだが、熱帯には樹木も多い。ミラビリス種はいくつも「ミラビリス《（驚くべき）》」な面を持つ。

1.チマンタエア・ミラビリスの分枝した大株　2.タワシグサ（カヤツリグサ科）が目立つ草原に、森に囲まれそびえるチマンタテプイの一角のアコパンテプイ

著しい属内多様性

チマンタエア属は、ほかにもユニークな種類を含む。ラノコウリス種は、高さが7メートルにも達し、分枝は全くせず、葉はミラビリス種と異なり、幹の上部にまとまって展開するのみ。しかし丸く、掌《てのひら》ほどの大きさ。幹の外側の部分は木質化するので、いわばヤシの幹にキャベツの開いた葉がついているような姿である。

ラノコウリス種は、チマンタテプイの北西部など、限られた場所にしか分布しないが、岩山を背景に林立する姿は、これも植物の絶景と言えよう。

ラノコウリス種の下にエリオケファラ種が、一部では混生している。その種は高さ1メートル足らずの低木状で、新葉は綿毛で覆われ長く

チマンタエア・ミラビリスの大群落

残る。外見は全く違うものの、ラノコウリス種との間に雑種が生じている。

さらに、ミラビリス種もラノコウリス種との間に雑種ができる。チマンタエア属は見かけによらず遺伝的に近いのである。

チマンタエア属には小型種も存在する。フーベリ種はベンケイソウ科のセダムのように岩の上に生える。葉も紡錘形《ぼうすいけい》で厚い。ただしセダムとは異なり、裏側には縦に綿毛が生えている。そこに気孔があり、年10か月も雨が降るギアナ高地で、雨により気孔《きこう》がふさがるのが防がれている。

ミラビリスでも両側の葉が裏に巻き込み、綿毛もある。環境に適応した形態を持つ優占群落が、絶景を生むのである。

高さ数百メートルの絶壁とその間を飛ぶヘリコプター

1.チマンタエア・ミラビリスの花／2.チマンタエア・エリオケファラ／3.細葉の椀状葉のチマンタエア・ミラビリス／4.チマンタエア・フーベリ。蕾（つぼみ）が見える

チマンタエア・ラノコウリスの林立

白銀世界に立つ柱
ウユニ塩湖（ボリビア）のパサカナ柱

Bolivia

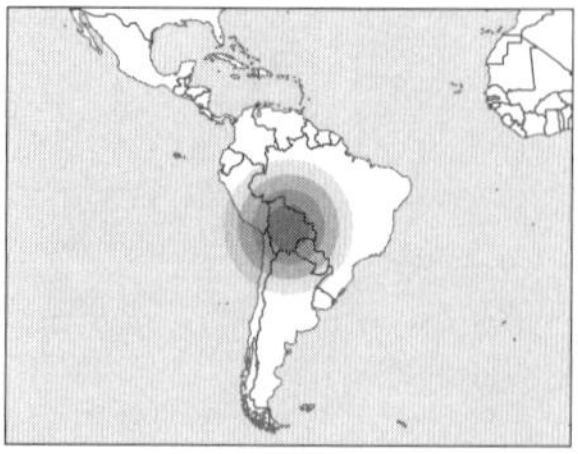

ボリビア（ボリビア多民族国）は南アメリカ大陸西部の内陸国。面積は約110万平方キロメートル（日本の約3倍）。ウユニ塩湖（塩原）は、標高約3,700メートルにある。アンデス山脈が海底から隆起した際、大量の海水がそのまま山上に残されてできた広大な塩原。この地域の年間平均気温は約10度、雨期（12月から3月頃）、乾期（4月から11月頃）に分かれる。

高山の巨柱

車窓から見渡す限り、地は白い。白銀の世界である。そして空は真っ青、と言ってもその白は雪ではない。なんと塩。前夜泊まったホテルも壁や室のドーム状の天井は、白い塩のブロックで造られていた。

そこは、ボリビアの高山で、ウユニ塩湖と呼ばれる。雨が降ると浅いが水が溜まり、乾期には広大な塩の平原と化す。その膨大な量の塩は、海からもたらされた。何千万年をかけ、アンデスの隆起と共に、天空の塩原となった。いわば海の化石である。

ウユニ湖畔から車で75キロ、1時間あまり走ると、前方に「島」が見えてきた。周りを塩の「海」に囲まれた、岩石の島「インカワシ」である。そこで植物の絶景が見られる。

近づくと岩山が巨大な剣山《けんざん》のよう。何千もの柱サボテンが、林立しているのである。島の面積は、東京ドーム約5倍。

国立公園で、上陸するには許可がいる。インカワシの岩山は高さ50メートルほどだが、標高は3700メートルもある。富士山に近い高度に、高さ10メートルに達する柱サボテンが群生しているだけでも驚くが、周りは白い塩の海で、コントラストは絶妙、奇異な絶景を演出する。低木や草本は、柱サボテンの根元に散在するのみ。天空のサボテン世界である。

インカ交易の中継地

インカワシの柱サボテン・パサカナ柱は、学名がたびたび変更された。かつてトリコセレウス・パサカナの名が使われていたが、1974年に種子の形からエキノプシス属

ウユニ塩湖の3,700mの岩山に林立するパサカナ柱。塩原の先にアンデス山脈

に含まれる研究が発表された。その属は、日本では短毛丸《たんげまる》や花盛丸《かせいまる》の名で知られ、形は球型に近く、直径10センチほどの種《しゅ》が多い。花筒《かとう》が長く、軟《やわ》らかい毛が密生するなどの特徴も似ているとして、現在は、パサカナ柱をエキノプシス属に含める見解が増えた。ただ本来のエキノプシス属は乾果《かんか》だが、パサカナ柱の若い果実は軟らかくて食べられ、巨柱に育つなど、見かけは異なる。

種名は現在、チリのアタカマの高山に分布するアタカメンシス柱（247ページ）の亜種として扱われている。アタカメンシス柱は分枝をほとんどしないが、パサカナ柱は大きくなると上部で枝が分かれる。

サボテンは一般に軟らかいと思われているが、祖先は樹木で、パサカナ柱もその痕跡が残り、板が取れるほど。インカワシでは扉にしたり、ごみ箱や彫刻に利用されている。雨を呼ぶ儀式に鳴らすレインスティックは、本種と同属の柱サボテンの細い筒状の幹に、刺《とげ》を内側に刺しこんで作る。

インカワシはウユニ湖の中央に位置し、昔は塩原を横断した交易の中継地として重要だった。今も地元のアイマラ族が農耕開始を大地の母神パチャママに祈る伝統儀式の地で、景観も守られているのである。

岩山の斜面に密生するパサカナ柱の若い株

1.白い刺の中から花が咲く。花筒は十数センチ／2.年を経ると刺は白くなり、上部は分枝する／3.小さい間は球状で、刺は金色

パサカナ柱の心材で作られた扉

環境と植物

気候変動と植物

今さら指摘するまでもなく、植物本体は動物と違って自ら移動できない。そのため生存は、環境により左右される。環境で強く影響を与えるのは、温度である。

2023年、世界の気温に関して衝撃的なデータが報じられた。国連の世界気象機関（WMO）によると、世界の平均気温が産業革命以前より1・45度上昇し、観測史上最も高かった。12万5000年前以来とも言われる。

日本でも夏は記録的な猛暑だったが、さらに東京都心では夏日が年間143日に達した。一年のうち夏が4割を占めるという温暖化である。

国連のグテーレス事務総長は「地球沸騰《ふっとう》化の時代が到来」と、温暖化を通り越した過激な表現で、警告を発した。

植物は環境に適応し、共存し合って、バランスの取れた生態系を保つ。それを人が目にすれば美しい風景やすばらしい絶景に見える。山火事などで破壊されても、長い年月にその現象が繰り返されている場所では、自然に回復する再生力を有している。ただ、それは現状と同じ様な気候下で可能な持続であり、「沸騰化」と例えられるほどの高温化では、同様の回復力が維持できるか危惧される。

植物は気候変動のバロメータである。

地球環境変動の最前線

地球の自然のバランスは気温だけではない。温暖化は徐々に影響を及ぼすが、もっとストレートに植物の生存に響く自然変動がある。それは雨量やその降り方である。日本では線状降水帯やゲリラ豪雨のような多雨に目を向けがちだが、世界的には少雨も懸念される。

世界の多くの地域では、雨期と乾期が交互に訪れ、植物生態は成り立っている。そしてもともと雨期が短く、雨量も少ない乾燥地や砂漠は、約45億ヘクタールで、地球の全陸地の約3割を占める。そんな地にも耐乾植物や耐塩性植物が生え、独特の植物景観を展開している。

乾燥地でない地域に雨が少ないと干ばつが生じ、植物に与える影響が大きい。農作物の被害は報じられるが野生植物も同様で、温暖化よりも深刻な事態が引き起こされる。

年間の雨量が500ミリ以下の土地は灌漑《かんがい》や灌水《かんすい》無しで農作物を作るのは困難である。ただ年雨量が300ミリ以下の半砂漠や砂漠でも、定期的に少量の雨が降れば、耐乾植物は育つ。

耐乾植物は次の5つのタイプがある。

①**短命植物**　雨が降れば一か月ほどの間に発芽、成長、開花し、種子を残す。

②**球根とイモ類**　土地に湿《しめ》り気がある間に育ち、乾期は地下の球根やイモに貯《たくわ》えた水分で耐える。ただし幼植物は耐乾性がない。

③**全乾植物**　乾期には葉や茎が乾き切るが、雨が降ると一気に緑が回復する。

④**深根植物**　砂漠でも地下深くは湿っている。深く根を伸ばし、その水分を吸収する。

⑤**多肉植物**　葉や茎や根が多肉質で水分を貯えるタイプ。サボテンをはじめベンケイソウ科やトウダイグサ科など50科1万種を超える。

耐乾植物のうち種子や全乾植物のように完全休眠する種類は別として、生体を維持するには水分が要る。水分は雨だけでなく霧や露からも得られる。温暖化は海水の温度にも影響を与え、寒流の温度が上昇し、南米、ナミビア、南アフリカなどの砂漠では内陸深く霧が到達しなくなり、耐乾植物が枯れたり、次世代が育たなくなる事態が起きている。

多肉植物のように貯水型は一年雨が降らなくても耐えられる種類が多いが、それも二年以上にわたると弱り、枯死に至る。

少雨は次世代に影響

植物景観は成熟した親の世代がもたらす。目につかなくてもそこに幼植物が混じっていれば将来にわたって景観は維持される。ところが親だけの植生は、親が何らかの原因で枯死した後に、すぐ種子からの芽生えが続かなければ集団は消滅してしまう。雨の降り方の変動が引き起す干ばつは、そのような事態をもたらす。

地球は地史的には乾燥化に向かう。多肉植物などは、その先行進化を遂げた存在だが、乾燥化が地史的に急速進行したサハラのような砂漠は、適応進化が間に合わず、多肉植物など耐乾植物を欠く。乾燥適応した植物でも問題はある。

巨木バオバブ（24ページ）や林立する柱サボテン（236ページ）は実は超高齢化集団である。親は乾燥に強いが、種子の発芽、成長で次世代が育つには充分な水分が必要である。温暖化については強く世界の眼が向いているが、雨の降り方の動向も注視しなければならない。

温暖化と雨の降り方による気候変動の影響は絶景植物にとどまらない。やがては身近な植物環境にも及ぼう。関心を欠かすことができない。

chapter

2.

見知らぬ世界の花

花には個性がある。
世界の思いもよらない
個性豊かな花々が
生み出す絶景や
異文化を訪ねてみよう。

アラビアの意外な木と花

オマーン

Oman

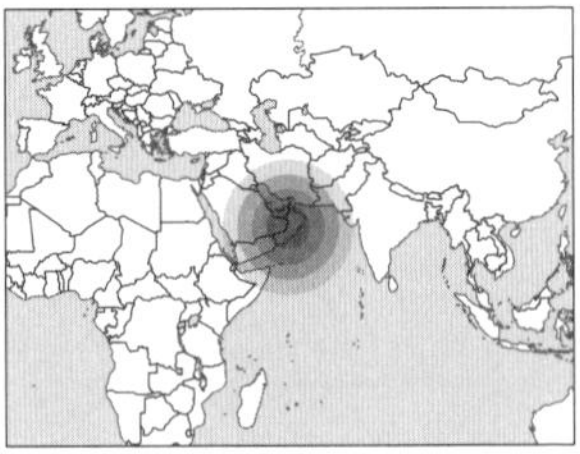

オマーン国は面積約31万平方キロメートル（日本の約4分の3）で、中東・西アジアに位置する。アラビア半島の東端にある。気候は基本的に砂漠気候に分類され、5月から9月頃には日中の最高気温が50度を超えることも。国土の80パーセント以上を砂漠、土漠地帯が占め、大きな河川はない。降水量は平均で年100ミリと非常に少ない。

乳香王国

アラビア半島の東側にオマーン国がある。アラビアは平らな砂漠の地と思われているが、オマーン北部には緑の山と呼ばれる３０００メートルを超す高山もあり、そこから流れ出る水で、豊かなナツメヤシの林も広がる。

南西のドファール地方はアラビア海に面して岩山が連なり、モンスーン地帯で雨期には緑が覆う。その石灰岩の岩山や背後の石灰岩地に、古代からオマーンを支える木が、生えている。乳香樹《にゅうこうじゅ》である。

乳香樹はカンラン科の高さ5メートルほどの樹木で、乾期には落葉し、3月頃に雨が降り出すと花が咲き、葉が茂る。その頃から幹に傷を付けると、にじみ出た乳液が10日〜15日を経て固くなる。それが乳香である。

乳香の採取は、砂漠の民ベトウィンが昔から専門に行っている。質のよい乳香の産地は、世界でもドファール地方に限定される。古代シバの女王は、ソロモン王に贈呈するために立ち寄った。そのサムフラム遺跡が南部の海岸に残る。

乳香には階級があり、最高級品は香水や水に溶かして健康飲料にされ、下級品は褐色で日常的に室内や衣服の下で焚き、香を移す。

岩場の木

ドファール地方の岩場には乳香樹のほかに竜血樹や没薬樹など古来、幹からの樹脂を薬用にしていた特有の木が分布する。竜血樹の樹脂は止血と殺菌薬になり、ベトウィンは没薬を妊婦が飲むと安産で、赤ん坊が誕生40日後に少し舌にのせると健康に育つという。

1.オマーン南部の乳香樹の自生／2.乳香樹の花
3.質の良い乳香／4.幹からにじみ出た乳香

2

3

4

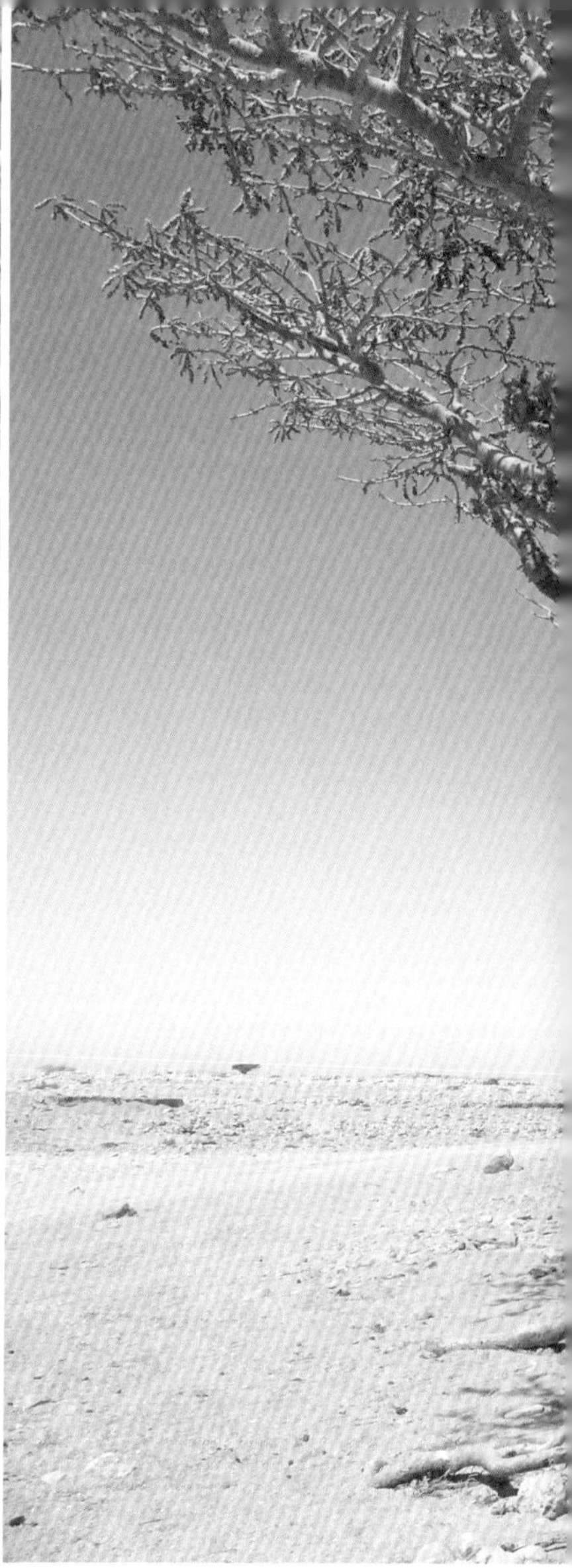

「砂漠のバラ」の名も持つアデニウムは、本来は岩場に生える多肉植物で、ドファール地方では幹が壷状に肥大し、上部が枝分かれした均整の取れた姿が見られる。

さらに何故か、アフリカと同種のバオバブが分布する。オマーンは中世はインド洋の交易が盛んだった。アフリカからは象牙や毛皮、また、アラビア人の正装に欠かせない短刀の鞘《さや》に使うサイの角《つの》など貿易のため、オマーンは首都をタンザニア沖のザンジバル島に置いていた。それが西洋人のインド洋進出で撤退したが、その際にバオバブを持ち帰ったのであろう。南西端の地に巨木が一本立つ。ほかにも南部の海岸近くの山のがれ地で、幹径2メートルを最大に50本近くが群生する。

マングローブも

オマーンの首都や東部海外の一部にはマングローブが分布する。代表的な種はヒルギダマシで、ヒルギ科ではなく、クマツヅラ科の樹木である。干潮時には呼吸根が泥の中から針山のように突き出る。

イエメンとの国境近くのバオバブ

1.砂漠にタツノツメガヤの一種／2.セイヨウキョウチクトウの花と果実／3.アラビアタマリスクの花／4.アデニウムの花／5.アラビア湾に面した崖の上のアデニウム／6.首都の海岸にヒルギダマシの呼吸根

5

4

6

秋の文明発祥地

マニ半島（ギリシャ）

Mani Peninsula

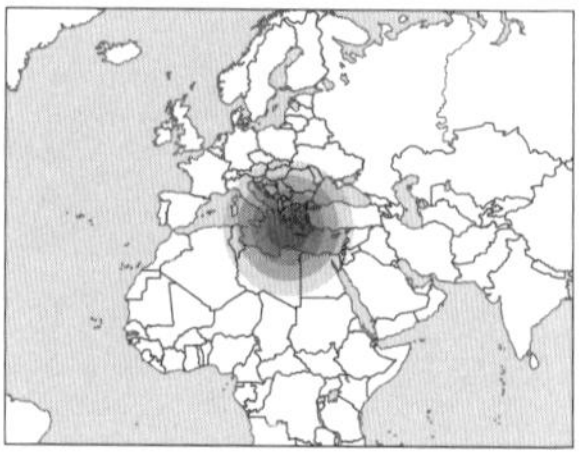

ギリシャの情報は40ページ。

石灰岩地の花

ヨーロッパ最古の文明発祥の地、ギリシャ。そこは花の世界でもある。よく知られた遺跡にも花は見られるが、観光客の少ない本土の南端のマニ半島は、秋、シクラメン、スイセン、コルチカムなどの花々に彩られる。

バルカン半島にギリシャの本土は位置し、その南にはコリント、ミケーネ、スパルタ、オリンピアなど古代の遺跡の点在するペルポネソス半島がある。さらに、南に下がればマニ半島に至る。

マニ半島は伊豆半島ほどの面積で、石灰岩の岩山が貫き、そこに石灰岩を好む植物が生えている。その地で秋に花をあげるのは、球根の花が多い。日本では冬から春の花のシクラメンやスイセンが、種《しゅ》は異なるものの10月に咲く。

ギリシャの秋咲きシクラメンは二種あり、いずれも葉に先立って咲くが、生育地は異なり、石灰岩地にはグラエクム種が分布する。

石灰岩地の植物は石灰岩地にのみ生育する好石灰植物と、石灰岩地以外でも育つ耐石灰植物がある。地下のタマネギのような球根から秋に1メートルほどの花茎《かけい》を伸ばして、多数の花を咲かせるカイソウ（海葱）は、ギリシャ沿岸に多い耐石灰植物である。

秋咲き球根

クロッカスも日本では早春の花として知られるが、香辛料のサフランは秋咲きである。サフランは雌しべの柱頭《ちゅうとう》が枝分かれして長く伸び、それを採取して香辛料にする。一方、多くのクロッカスの柱頭は短い。ギリシャのクロッカスの野生種にはワイルドサフラン

エーゲ海に面した丘に咲くカイソウ（ユリ科）

石灰岩地で半球状に茂るコダチユーフォルビア

と呼ばれる柱頭が長く分枝する種も見られる。白花で、秋咲きのクロッカス・ポリーの柱頭も細くて長い。

日本では余り栽培されていないイヌサフラン科（旧ユリ科）のコルチカムは、春咲きの種類が多いが、ペルポネソスコルチカムは、半島の石灰岩地に固有で、葉が出る前の秋に花を咲かせる。同様にホソバナスイセンも秋咲きで、開花時に葉はない。

葉のない秋咲き球根は、ギリシャをはじめ、地中海地方に多い。これは夏に雨が降らないため、植物は成長しにくく、秋から冬にかけての雨と温暖な気候で、繁茂できる、いわゆる地中海性気候に適応、進化した特性である。

例外的にキバナタマスダレは、湿《しめ》った条件のよい場所では、葉と共に咲き、アテネの神殿の丘やデルフィ神殿でも見られる。

木の実

漢方で鎮痛剤に使われるマオウ（麻黄）のフタマタマオウは、葉のないしだれる茎に秋真赤な実を鈴生りにつける。イチゴノキの実や一粒が重さの単位のカラットとして扱われたイナゴマメなどユニークな木の実も秋に実る。

イチゴノキの果実（ツツジ科）

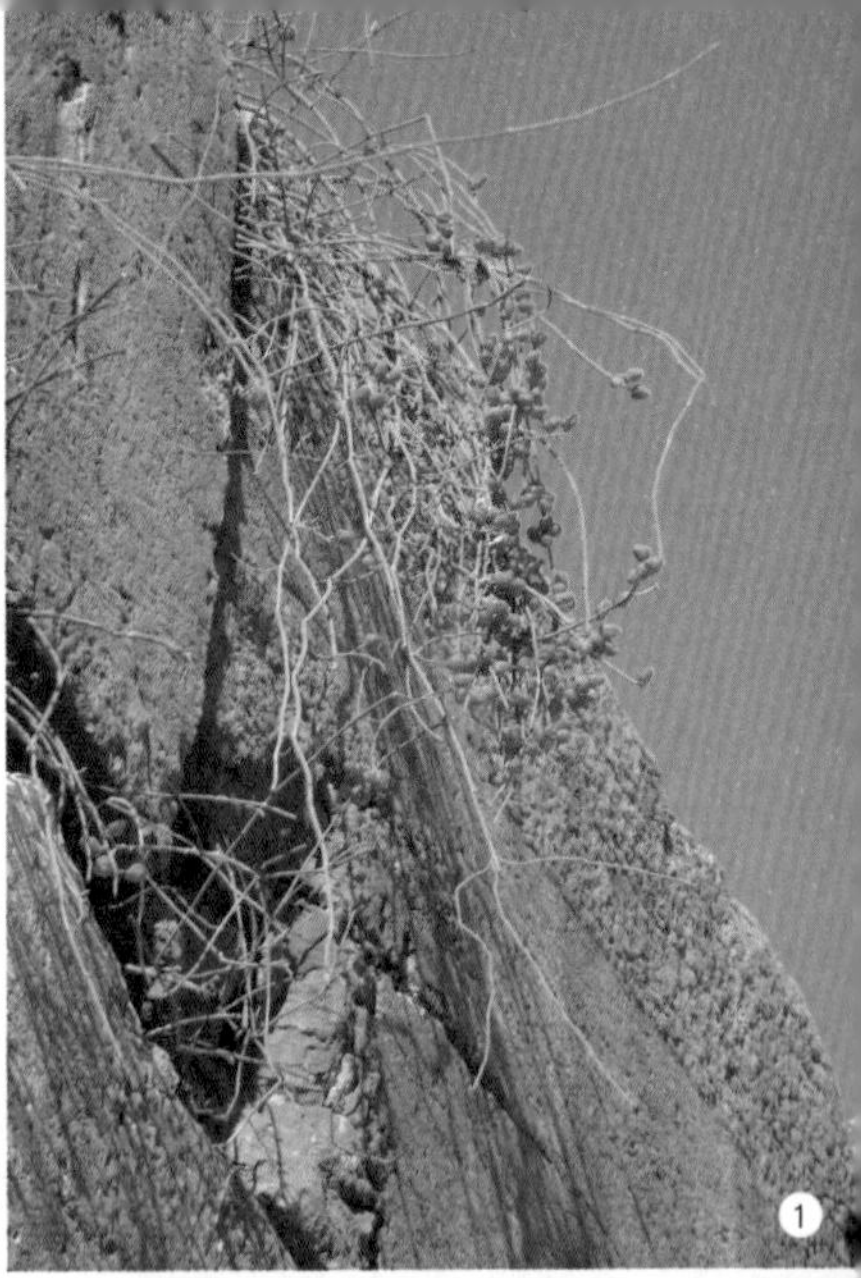

1.神託のアポロン神殿で知られるデルフィ遺跡のフタマタマオウの実（マオウ科）／2.幹から花咲くイナゴマメの雄花／3.花の中心が黒いフタイロキキョウ。石灰岩の崖を好む

4.柱頭が分枝するワイルドサフラン（アヤメ科）／5.キバナタマスダレの花（ヒガンバナ科）／6.ペロポネソス・コルチカムの花（イヌサフラン科）／7.クロッカス・ボリーの花（アヤメ科）／8.ホソバナスイセンの花（ヒガンバナ科）

赤、白、黄色。特色の花々
バルカン半島（ブルガリア）

Balkan Peninsula

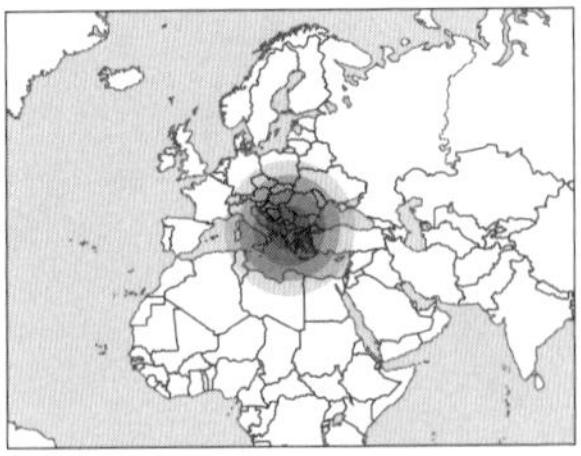

ブルガリア共和国は東南ヨーロッパ、バルカン半島に位置する。面積は約11万1,000平方キロメートル（日本の約3分の1）。国土の3分の1を山岳地帯が占め、ほぼ中央を東西に走るバルカン山脈の北側は、冬は気温が低く多湿で、夏は気温が高く乾燥する。また南側は、温暖で湿度が高い地中海性気候である。バルカン山脈とスレドナ・ゴラ山脈にはさまれた一帯は「バラの谷」と呼ばれ、バラの一大産地である。

黄花のユリ

ブルガリアはヨーロッパの東南に位置するバルカン半島の北東にある。面積は11万平方キロほどで、北海道と九州を合わせたくらい。国土の中央をバルカン山脈が走り、南北に二分され、森林が三分の一を占めるが、その半分は低木林である。

植生はバルカン植物区に属し、さらに29の植物区に細分され、顕花《けんか》植物とシダ植物を合わせて、4100種を数える。

日本と共通する種属が多いが、日本では見られない特色の花も少なくない。その代表的な一つはユリ。4種が分布するが、そのうち2種は、何と花が黄色い。

リリウム・ジャンカエは中部の山地に生え、首都ソフィア近くのスキー場の草原でも見られ、6、7月に花咲く。他のロードパエウム種もギリシャと接する南部で6、7月に咲く。

マルタゴンユリは最も分布の広いユリで、ヨーロッパから中国北部に及ぶ。葉は3、4段輪生《りんせい》し、花は数が多く、花びらが強く反る。

変わった彩りの花

ユリの黄花以外にブルガリアには日本では珍しい花色の花がいろいろ見られる。

ヤグルマギクは青紫色が一般的だが黄花もある。ブルガリアでは、ヤグルマギク属の野生種が、なんと73種もあり、ミヤマコウゾリナ属の85種に次ぐ多さ。その中には黄花を咲かせる種類を含む。

ダイコンソウはアブラナ科ではなく、バラ科だが、葉がダイコンに似ているので名が

リリウム・ロードパエウム。
南部の山の草原に生えるが数は少ない

マルタゴンユリ。
背の高いユリで、花茎は1.5mにも

ついた。日本のダイコンソウ属は4種すべてが黄花を咲かせる。一方、ブルガリアには赤色で花も大きい種が分布する。

ナデシコ属もブルガリアでは40種を数え、日本には野生しない白花種が知られる。

ベンケイソウ科のマンネングサの日本産は、すべて黄花だが、ブルガリアには白花を咲かせる種がいくつもある。マンネングサの類は本来は岩場に生えているが、人工物の石垣や塀なども好む。ブルガリアでも人家や教会の石垣などに進出し、セダム・ヒスパニクムやセダム・アルブムが、5、6月に白く彩る。

古代のバラの原種

ブルガリアのバラの野生種は26種もあり、その一つローサ・ガルリカは、古代のバラの原種である。

ブルガリアはバラ香料の生産が世界一で、7割に達し、中心の中部『バラの谷』では例年、6月第一週にバラ祭りでにぎわう。

ローサ・ガルリカ。バラの原種で、花径は6〜9cm

1.リリウム・ジャンカエ。花の中心に黒い斑点／2.リリウム・ロードパエルム。花径は9～12cm。花被が細い個体／3.タマザキギキョウ(ジャシオ属)。小花が球状に密集して咲く／4.ビロードモウズイカ。大型草本で、葉は長さ50cm。花茎の高さ1.5mに／5.黄花のヤグルマギク／6.セダム・ヒスパニクム。園芸名は磯小松。葉の色は青白色／7.アカバナダイコンソウ。花径約4cm／8.シロバナダイアンサス。花弁の中央の毛も特徴／9.アカザ科。イチゴ状の果実が珍しい

4

5

6

7

8

9

天山回廊の花々

キルギス

Kirghiz

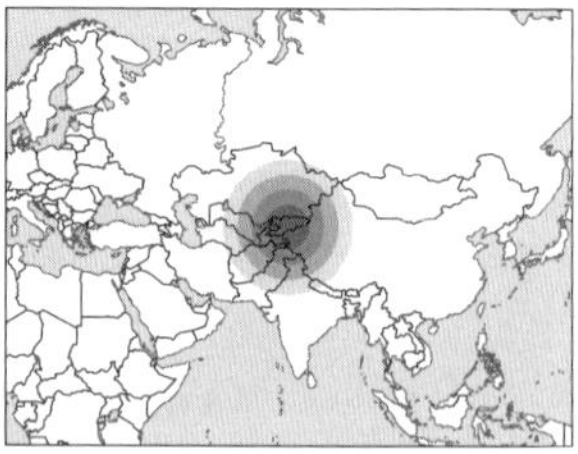

キルギス共和国は、中央アジアの中央に位置する内陸国。面積は約19万9,000平方キロメートル（日本の約半分）。国土の40パーセントが標高3,000メートルを超え、国の中央など東西方向にはいくつもの山脈が走る。渓谷部分の気候帯は地中海性気候に相当するが、山地は冷帯湿潤気候、高地は高山気候となる。塩生地も見られる。

ケシ科の花園

中央アジアのほぼ中央に位置するキルギス。

キルギスと聞いても、なじみが薄いかもしれない。ところが、シルクロードが通り、三蔵《さんぞう》法師が経典を求め、インドへ向かった歴史上要衝の地であった。

中央アジアからは広大な草原や砂漠が連想されるが、キルギスは山がちで、中国から延びる天山《てんざん》山脈を中心に三本の高山山脈が走る。日本の半分ほどの国土の大半は1500メートル以上の山地が占める。

山地でもゆるやかな斜面は草原や放牧地が広がる。はるかアラル海へ流れ行くナルン川沿いにはコムギ、ジャガイモやトウモロコシなどの耕作地も展開する。それらの畑が休耕されると、草原に戻り、季節によって花園になる。花園は多様な草花が入り混じって咲くが、時には一種の花で埋め尽くされることがある。その代表はヨツモンヒナゲシ。4枚の花弁の中央に黒い斑紋《はんもん》が入るのでそう名づけたが、黒紋の入り方はさまざまで全く無い花もある。

キルギスではツノゲシも目につく。ケシ科は4弁の花は似ても、果実の形で属は分かれる。ツノゲシ属の果実は細長く剛毛が散在する。

高山に大形草花

冬は雪を冠《かむ》る高山も、雪解けと共に一気に草花が伸び、花咲く。その中にはアリウム属やエレムルス属のような大形の草花も見られる。

アリウム・アフラツネンゼは日本でも売られているギガンテウム種に匹敵する花で、

ヨツモンヒナゲシの花園。遠くにテンザンエレムルスの花穂が林立

サリチェレッツ湖畔に咲くアリウム・アフラツネンゼ。標高2,000m

花茎は1・5メートルにもなり、ソフトボール大の球花が咲く。それが天山山脈の西端に近い2000メートルの山中に生えている。

エレムルス属も大形の球根植物でキルギスでは山岳地帯に10種分布し、チューリップに次ぎ種数が多い。テンザンエレムルスは花茎が2メートルに達し、花が穂状《すいじょう》に咲く。

エレムルス属はかつてはユリ科で扱われていたが、DNA解析からアロエなどと共に所属がネギ科、ツルボラン科と変わり、さらにはユウスゲやキスゲなどのワスレグサ科に移され、一方、ネギ属はヒガンバナ科に変更された。

ベンケイソウ科は日本に産しないロスラリア属やシュードセダム属が分布し、シュードセダムはセダムと違い、小さな球根を作る。

内陸の耐塩生植物

キルギスには荒地も見られる。イシク湖という流れ出る川のない大きな内陸湖がある。その周辺は塩生地で、耐塩生の強いマメ科の低木のシオノキやソーダーノキ科の多年草のハルマラが分布する。ハルマラは有毒植物だが、種子からトルコレッドと呼ばれる赤い染料が採れる。

テンザンエレムルスの花穂。後ろはトクトグル湖

1

2

1.キバナツノミズナの群生。アラベル峠、標高3,180m／2.キバナツノゲシの花。径4〜5cm。花茎は20〜40cm／3.ヒメツノゲシの花。径3〜4cm。花茎は10〜20cm／4.ハルマラ。葉は深く切れ込み、柔らかい／5.ヒメツノミズナ。花茎約20cm。標高2,800m／6.キバナバラ。サリチェレッツ国立公園／7.シュードセダム・リエベニィの花。草丈20〜25cm。標高1,900m／8.キバナロスラリアのロゼット葉と多数の蕾／9.シオノキの花。長さ1.5cm。美しいが刺がある

4

3

8

5

6

9

7

草原と森の花

バイカル湖畔（ロシア）

Lake Baikal

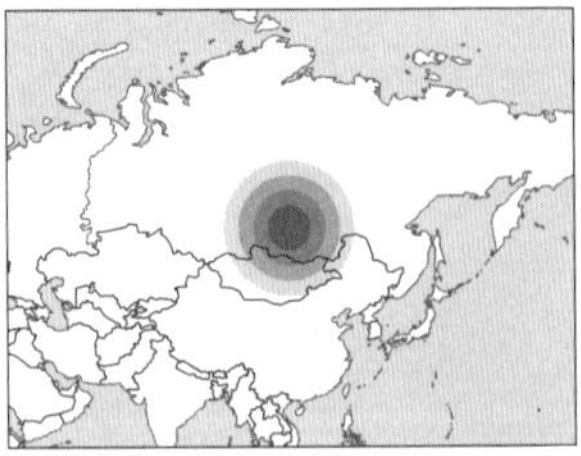

バイカル湖はロシア共和国の南東部、シベリアにある湖。面積は約3万1,500キロ平方メートルで琵琶湖の約47倍にもおよび、世界で最も古くに誕生した湖とされる。冬は最低気温がマイナス20度前後まで下がり、湖面が凍結し、氷の厚さが100センチを超えることもある。湖や周辺には多様な生物が分布し、生物進化の博物館とも称される。

最古の湖の豊かな彩り

東シベリアの中部に世界第8位の大きさのバイカル湖がある。面積は九州の4分の3、長さは南北に650キロだが、幅は最大でも79キロほどの三日月形の湖である。

バイカル湖には世界一が三つ。まず最古の湖で3000万年前に誕生した。二つ目に深さが世界最深で、1640メートル、そして透明度も40メートルと最も深い。

バイカル湖周辺は森林、草原、湿地、岩場や塩性地など自然環境が豊かで、花の種類も1000種を超す。

草原に咲く花々はユーラシア大陸の共通の属が多い。なかには一面の花園を作る種類も含まれる。ケシ属のシベリアヒナゲシもその一つ。バイカル湖の東側で6月から7月上旬に道端の草原で咲き乱れていた。野生ながら花の色は白、黄、オレンジ、ピンク、赤など変化に富む。

葉がユリでは最も細いイトハユリやムシャリンドウのなかまの花は、鮮やかな彩りでバイカル湖の周辺の草原を引き立てる。

湿原にはカキツバタやミツガシワのような日本と共通する花も見られる。

林床の美花

バイカル湖周辺にはササが分布していない。そのためシラカバなどの林床《りんしょう》は明るく、草花も育ち、珍しい花に出会える。

ラン科は熱帯に多いが、地上性のランには寒地に生え、目を引く大きな花を咲かせる種類がある。その代表はアツモリソウ属で、袋状の唇弁《しんべん》がユニーク。同属には日本でも

1.ムシャリンドウの一種。リンドウの名がつくがシソ科の植物である／2.シベリアヒナゲシの花の色変わり

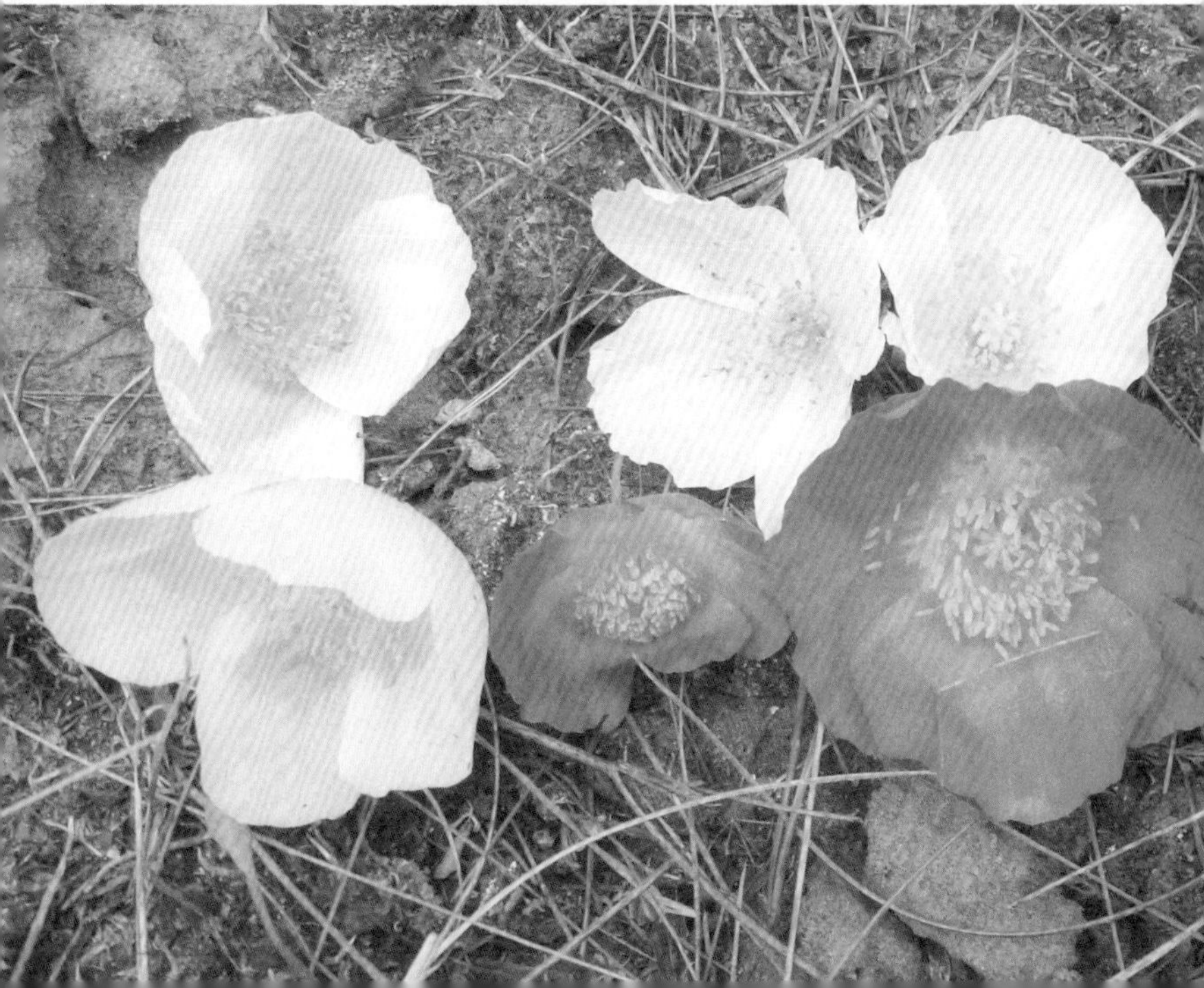

1.シベリアヒナゲシの群生

レブンアツモリソウやキバナノアツモリソウが知られる。

　バイカル湖畔ではアツモリソウ属は3種を数える。花がアツモリソウより濃い赤桃色のホテイアツモリソウは、バイカル湖の南端の村はずれの林の下や傍《そば》の草むらに生えていた。近くの道端の木の下に、日本では北海道だけに稀産するカラフトアツモリソウも見られた。キバナノアツモリソウの基本種のチョウセンキバナアツモリも国道沿いのオウシュウアカマツの林の下で、点在して咲いていた。

アツモリソウ属は、日本では絶滅

危惧植物である。
バイカル湖には奄美大島ほどのオリホン島があり、その林内にはシビリカクレマチスが分布する。

厳しい環境の変わり花

オリホン島近くの湖畔には塩性地がある。そこにウスギヌソウが5メートルほどの輪でミステリーサークルのように咲いていた。

岩場などに生え、日本にも産する多肉植物のキリンソウ類は、バイカル湖西岸が分布の北西端にあたる。

2.ウスギヌソウ。多年草だが、年々少しずつ輪状に広がる。ハマウツボ科

1.イトハユリ。葉は細く、幅3mmほど／2.ホテイアツモリソウ。
唇弁は径3.5cm／3.カラフトアツモリソウ。唇弁は径1.5cm／
4.ミツガシワの花は花弁に糸状の突起がある

5.チョウセンキバナアツモリ。唇弁は径1cm／6.湖畔の砂地に咲くオオバナヒエンソウ／7.シビリカクレマチス。花は長さ4cmほど。木に絡まって咲く／8.バイカル湖辺りのキリンソウは葉が細く、花茎はしばしば分枝。ベンケイソウ科

台地に敷かれたカーペット

カース台地（インド）

Kaas Plateau

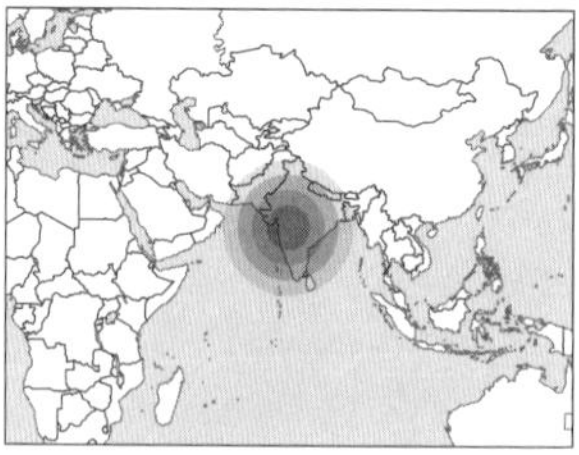

インドの西海岸沿いには、標高1,000メートルから2,700メートルほどの山脈が、約1,600キロにもわたってのびる。カース台地は、その西ガーツ山脈の中部に位置し、浸食により大地が削られて、テーブルマウンテン状となる。乾期は非常に乾燥するが、雨期は小さな湿原があちこちに出現する。

インドの意外な花の名所

インドは広い。花も暑い地域のトロピカルな花だけではなく、山地には温帯性の花も見られ、世界遺産の花園がある。

インドは古生代、南半球のゴンドワナ大陸の一角だった。それが大陸移動でインド洋を北上、ユーラシア大陸とぶつかり、ヒマラヤ山脈を押し上げた。今もゴンドワナ大陸由来のガーツ山脈の岩山が西部に幅100キロ、長さ1600キロに渡り続く。

カース台地もその一つ。西海岸の大都市のムンバイから南に270キロで、サターラという古都に至る。その西の世界遺産「西ガーツ山脈」にあるカース植物自然保護区は、一部公開されている。

標高1200メートルほどの台地は、斜面にこそ樹木が茂っているが、台地上は岩盤で土が浅く、水はけが悪い。そのため湿性草原が発達し、樹木は少ない。カース自然保護区で花の咲く植物は、411種記録されているが、樹木は台地の斜面を含めて、その一割ほどに過ぎない。

草原は7月から10月に花が咲き乱れ、赤、黄、紫、白と花の色はさまざま。しかも、群生するので、見事な花のカーペットとなる。

熱帯と温帯の花の共存

カース台地に広がる湿地の主役の一つは、食虫植物のミミカキグサ。ウトリクラリア・プルプルラスケンスは、ガーツ山脈の固有種で、日本のムラサキミミカキグサより大きい長さ1センチの紫花を群がって咲かせる。

カース台地の花園。黄色の花はミッキーマウスの群生

密生して咲くインパティエンス・ラウェイ

ホシクサは日本では絶滅危惧種だが、数種見られ、うちツベリフェルハ種は、大群生する。シソ科のヒゲオシベの一種も池の傍《そば》の湿地に群生し、赤紫色の花弁に、長い雄しべが特徴の穂状花序《すいじょうかじょ》を一面に突き立てる。

インパティエンスはツリフネソウのように湿地で半日陰を好む種類が多いが、カース台地のラウェイ種は、土壌こそ同様に湿り気が多い地とはいえ、強烈な日射しのもとで花々が辺り一面覆い尽して咲く。

マメ科のシバネム属は日本にも一種分布するが、数は少なく地味。一方、カース台地のシバネムは丸い斑紋《はんもん》からミッキーマウスと呼ばれ、花も大きく、密集して目を奪う。ショウガ科は熱帯の林床《りんしょう》に多い。ところが、インドアロールートは太陽にさらされる草原に点々と生え、台地上の草花では最も大きい。

多肉植物

台地は岩盤のため、へりでは岩がむき出しになっている場所がある。そこでは台地の草花とは異質の多肉植物、柱状のユーフォルビアが見られる。また、木に絡まるつる性多肉植物のセロペギアの奇妙な花も台地を彩る。

ユーフォルビア·アンティクオルム

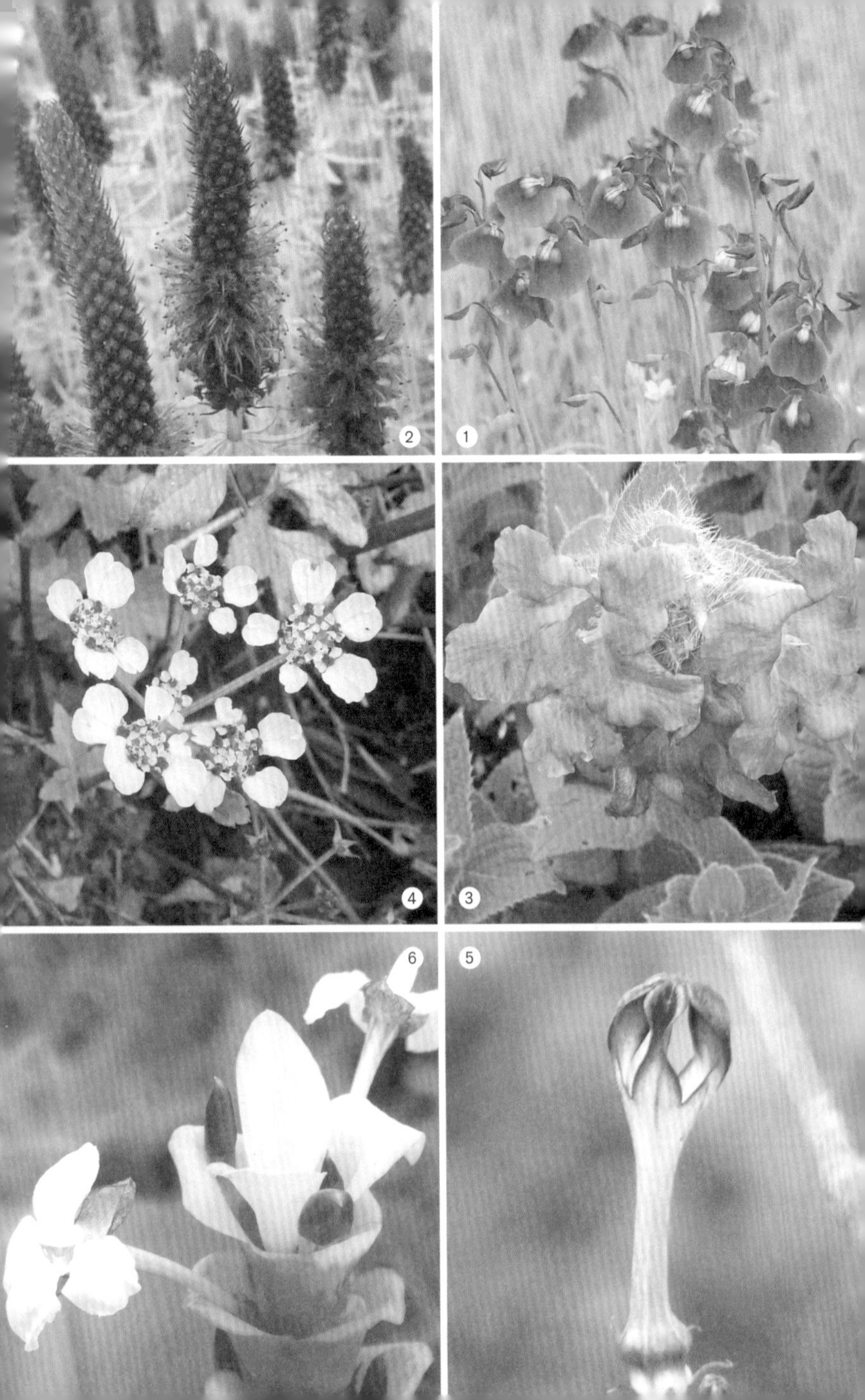
2
1
4
3
6
5

1.食虫植物ウトリクラリア·プルプルラスケンスの花／2.シソ科のヒゲオシベ（ポゴステモン·デッカネンシス）／3.数年に一度開花するキツネノマゴ科のプレオカウルス·リチェイ／4.セリ科のミツバグサ（ピンダ·コンカネンシス）の花／5.セロペギア·メディアの花（ガガイモ科）／6.インドアロールートの花（ショウガ科）／7.湿地を彩るミミカキグサとホシクサの花。小さくて濃い紫色の4弁の花は、リンドウ科のエキザクム／8.ミッキーマウスと呼ばれるマメ科の花／9.インパティエンス·ラウェイの花

伝統と保護、祈りの花

スリランカ

Sri Lanka

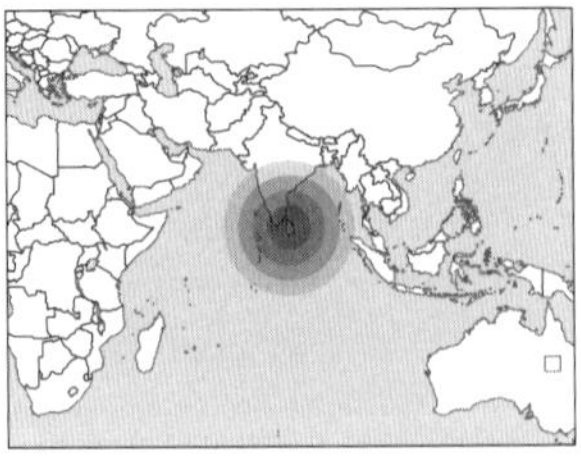

スリランカ（スリランカ民主社会主義共和国）は、インドの南東に位置するインド洋上の島国。面積は約6万6,000平方キロメートル（北海道の約0・8倍）ほど。島の北部は平坦な土地だが、南部は山岳・高原地帯で、2,000メートル級の山々が連なる。熱帯性の気候で高温多湿だが、海岸部や低地は年間平均気温27、28度、高地の気候は冷涼である。

花首から切り離された花

スリランカは仏教国で、その伝統は古く、信仰は厚い。中部の古都キャンディには、釈迦の歯を祀る仏歯寺がある。毎日大勢の人々が訪れ、信仰の深さが知れる。

参詣の様式は日本と異なり、線香は焚《た》かれず、花が供えられる。そして、その供花《くげ》も、日本とは全く違う。茎や葉の無い花だけが供えられる。

シーギリア遺跡の壁画。左手にハスとスイレン（中央）の花

供花にはハス、スイレン、ジャスミンなど仏教ゆかりの花や香りの高い花が好まれるが、単に花首から切り離された花だけではない。青いスイレンを数花セットにして、その上にジャスミンの白い花を散らしたり、ピンクと白のハスの花を重ね合わせて豪華にするなど、アレンジもいろいろされている。

供花用の花は寺の入口でも売られているが、寺の前の通りに花屋が並びにぎわう。

花首で切り離した花を飾る手法は、5世紀のシーギリアの遺跡に美しい岩壁画で残る。高さ195

1.サンユウカとミニバラの水鉢／2.供花の花屋
3.赤い若葉が美しい国樹のセイロンテツボク

3

メートルの孤立した岩山の中腹に18人の女性がフレスコ画で描かれていて、ハスやスイレンの花を手に持ったり、かざしたり、籠《かご》に様々な花を入れてかかげている。

由緒ある花

スリランカの国樹は、セイロンテツボクである。テリハボク科の常緑樹だが、若葉は燃えるように赤い。材は重く、水に沈む。寺院の柱などに利用される。

アショカノキは仏典では「無憂樹《むゆうじゅ》」として釈迦の誕生や結婚にかかわったとされる。釈迦は母の王妃がルンビニ園で無憂樹の花を手に触れようとした際に生まれ、結婚の際は、国中の若き未婚の女性が集められ、釈迦はその一人一人に無憂樹の花を配り、花が無くなった時に姿を見せたアショーダラ姫と結婚したと伝わる。

仏教にゆかりのある花は香りが高い。その代表的な一つに、キョウチクトウ科のサンユウカがある。スリランカでは供花に使われたり、小鉢に花を浮かべて楽しまれている。

保護地の固有花

スリランカの面積は北海道より小さいが、国立公園は27を数える。うち二か所は植物

ハスと青スイレンにジャスミンを組み合わせた供花

が中心で、世界自然遺産に指定されている。ホートンプレンズ国立公園は、セイロン紅茶の産地で知られるヌワラエリアの南東に位置し、スリランカに少ない2000メートルを超す高地である。雲霧林や草原にエキザクムやノボタン類など特産種が多く、固有種率は3割近い。

スリランカの低地は、ほとんど人の手が入り、原生林はまず見られない。シンハラジャ国立公園では、その稀《まれ》な熱帯林が見られる。

1

1.キャンディの仏歯寺の供花／2.花弁が4枚のオスベキア属のノボタン／3.萼が花弁状のアショカノキ（マメ科）／4.葉がシダのようなカタバミ／5.シンハラジャ国立公園のセイロンオリーブ（ホルトノキ科）／6.エキザクム・トルネルヴィウムの花（リンドウ科）／7.地生ランのヒヤシンスオーキッド

台湾

亜熱帯の高山植物と神木

Taiwan

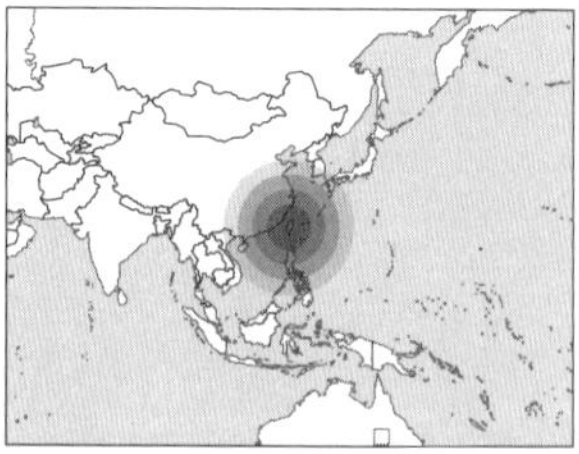

中国大陸の東海岸沖にある島国で、面積約3万6,000平方キロメートル。日本の九州よりやや小さい。日本、フィリピン、インドネシアなどとともに環太平洋造山帯に位置しており、地震や火山が多い。南北方向に中央山脈が縦断し、山地、丘陵地が多く、平地率は3割程度である。亜熱帯湿潤気候に属し、年間平均降水量は、2,500ミリほど。

中央を貫く高山

台湾は亜熱帯の島だが、高山も多い。面積は九州より少し小さいが、３０００メートル以上の高山が２５８座を数える。

台湾の東西南北の地理中心地、埔里《ほり》から東にバスで行ける高山がある。合歓山《ごうかんざん》で主峰は標高３４１６メートル。その近くの３２７５メートルの武嶺《ぶれい》まで舗装された車道が通る。

途中、亜熱帯から高山への植生の移り変わりが見られる。日本の本州では照葉樹林帯、落葉樹林帯、針葉樹林帯、高山と植生は明白に遷移する。ところが台湾では照葉樹林帯から針葉樹林帯に移行し、落葉樹林帯を欠く。カエデやハンノキなど落葉樹は分布しても混生するのみで、林は作らないのである。

3000メートル以上になると谷筋などの斜面にはニイタカトドマツの針葉樹林が茂っているが、山頂付近のなだらかな斜面は、遠望すると芝生のよう。膝丈《ひざたけ》ほどのニイタカヤダケで覆われ、合歓山は冬にはスキー場となる。

高山植物は日本とほとんどが同属でなじみ深いが、キバナリンドウは6月から7月にかけて世界に類を見ない真っ黄の花を咲かせ、目を引く。キオン（黄苑）も高山の斜面を秋に黄色く彩り、美しい。

残った神木

台湾の山地は19世紀まで先住民の地域で、外部の人は入りにくく、森林で覆われていた。代表的な樹の一つがクスノキで、日本統治時代に樟脳《しょうのう》を生産するため大量に伐採された。樟脳はナフタリンやパラゾールなどが合成される前は防虫剤として重要だった上、

武嶺の崖を覆って咲くキオン（キク科）

1.五福臨門の神木の大樟。標高300m／2.キバナリンドウ。草丈は10cmほど。3,200m

セルロースや映画のフィルムの原料になり、酒、煙草、塩と並び、戦前は専売公社で扱われた。

伐採を免《まぬか》れた大木が神木として残る。その一つは台中市の山側にある五福臨門の大樟《くす》で四方に太い枝を伸ばす。それがところどころ地面に接する不思議な樹形で、最も長い枝は40メートルに達し、森を作っている。

台湾南端の墾丁《こんてい》国家公園の森林遊楽区は、かつて台湾先住民のパイワン族が住んでいた。隆起珊瑚礁《りゅうきさんごしょう》の200メートルを超える地点に、サキシマスオウノキの板根《ばんこん》の大木が一本生えている。本来は海岸の湿地に育つ木が、山中に一本だけ大木となっているのは、パイワン族が海岸から拾った種子が育って、神木のように扱っていたからであろうか。

著名な果物と木

台湾は果物が豊富である。南部は北回帰線の南に位置し、熱帯系の果樹も育つ。南部の代表的な果物はレイシで、6月頃に出回る。

カミヤツデは山地に分布し、ヤツデより大きく、毛の生えた葉が上部に出る。茎の髄《ずい》はパルプ質で、昔はそれから紙を作った。

墾丁遊楽地区のサキシマスオウノキ

1.小型のアリサンリンドウ。花筒は長さ1.5cm／2.色が濃く、花弁の細裂が少ないニイタカセキチク／3.花筒に濃い条があり、草丈が花長ほどしかない高山のタカサゴユリ。3,000m／4.草丈は18cm以下と低いニイタカマツムシソウの花

5

5.合歓山主峰のニイタカトドマツの森林と草原状のニイタカヤダケの群生／6.鈴生りのレイシ（ライチ）の果実。長さ約4㎝／7.カワカミウスユキソウ。葉は短く約1㎝。3,300m／8.カミヤツデ。葉は幅1mにもなる。標高2,250m

高山のシャクナゲ王国

ブータン

Bhutan

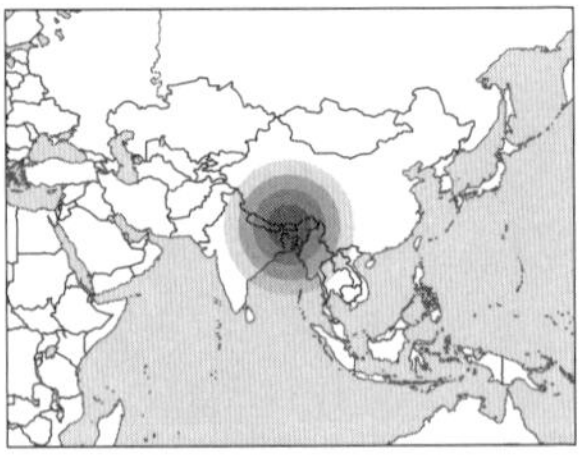

ブータン王国はヒマラヤ山脈南麓、北を中国、東西南はインドと国境を接する仏教王国。面積は約3万8,000平方キロメートル(九州とほぼ同じ)。標高7,500メートルを超える北部から、標高100メートルほどで、そのほとんどが熱帯雨林の南部まで、国内の標高差が大きく、高山・ツンドラ気候から熱帯気候まで並存する。

シャクナゲの王国

ヒマラヤの小国ブータン。九州ほどの面積しかないが、標高が100メートル以下の熱帯から7000メートルを超す高山まで、国土は変化に富む。それに応じて、植物も熱帯、亜熱帯、温帯、寒帯の環境下に5600種を数え、日本列島に匹敵するほど多い。

住民の多くは2000メートルから3500メートルの高地に住み、国土の半分は、

シャクナゲ、ロードデンドロン・ケサンギアエ種は葉が大きく15〜25花が咲く

1

1.コケむしたシャクナゲの高木、ロードデンドロン・ケサンギアエ。標高3,320m／2.ロードデンドロン・ワルリキィの花。標高3,360m／3.ロードデンドロン・キンナバリヌムの花。標高3,480m

国立の公園や保護地に指定され、観光客はガイドの付き添いが必要で、採集はもちろん、花を手折るのさえ禁じられている。

国土の大半は原生林で、亜熱帯林、照葉樹林、針葉樹林が発達する。落葉樹はヒマラヤザクラやカエデ属、カバノキ属など一見して判別できる属が分布するものの、日本と違い落葉樹林帯を欠く。落葉樹は照葉樹林や針葉樹林に混じって生えているに過ぎない。

ブータンを象徴する木は、ロードデンドロン属である。同属はツツジとシャクナゲに大別されるが、ブータンにツツジはなく、シャクナゲのみが45種を数える。形態は多様でケサンギアエ種は高さが15メートル、葉長35センチにもなる。対して高山では矮性《わいせい》種が見られる。

ヤクが造る花園

ブータンのシャクナゲは花の色も赤、橙、黄、藤色、ピンク、白と多彩である。見た目には美しいが、キンナバリヌム種のように毒を含むシャクナゲの種類があり、ブータンではその花の咲く地域で採れた蜂蜜を避けている。

ブータンの高地の重要な家畜はヤクである。ブータンの高地にはプリムラの野生種も多い。ヤクはプリムラの花も葉も食べない。シャクナゲも有毒種は口にしない。赤い花が美しいユーフォルビア・グリフフィティやキンポウゲ属は見向きもしない。そのためにヤクの放牧地が、しばしばそれらの花園になっている。

高山の花と葉

シャクナゲの種類が集中する３０００メートルから４０００メートルを超すと、樹木はほとんどなくなり、草本性の高山植物の世界に変わる。そこで著名な花は、ケシ科のメコノプシス（72ページ）である。青いケシとして知られるのはホリデュラ種だが、それ以外にも青色系ではシンプリキフォリム種がブータンに産する。

高山を特色づける形態の一つはクッションプラントである。数ミリの葉がコケのようにびっしりとひしめく。ユキノシタ属、ナデシコ科のノミノツヅリ属などが著しい。

一方、熱帯には大きな葉の草本が少なくない。ブータンでは亜熱帯のハルウコンが葉の長さ70センチ、高地ではゾウノミミテンナンショウの葉が大きく、幅15センチになる。

1

2

1.各種のシャクナゲの花と葉の表、裏／2.タマザキサクラソウの群生。標高は3,400m／3.象の耳のような花のテンナンショウ。標高2,900m／4.ユーフォルビア・グリフフィティ。標高2,900m／5.花弁が切れているプリムラ・グラキリペス。標高3,500m／6.ハルウコンの花。標高1,400m／7.クッションプラントのノミノツヅリ属ポリトリコイデス。標高4,000m

3

5

4

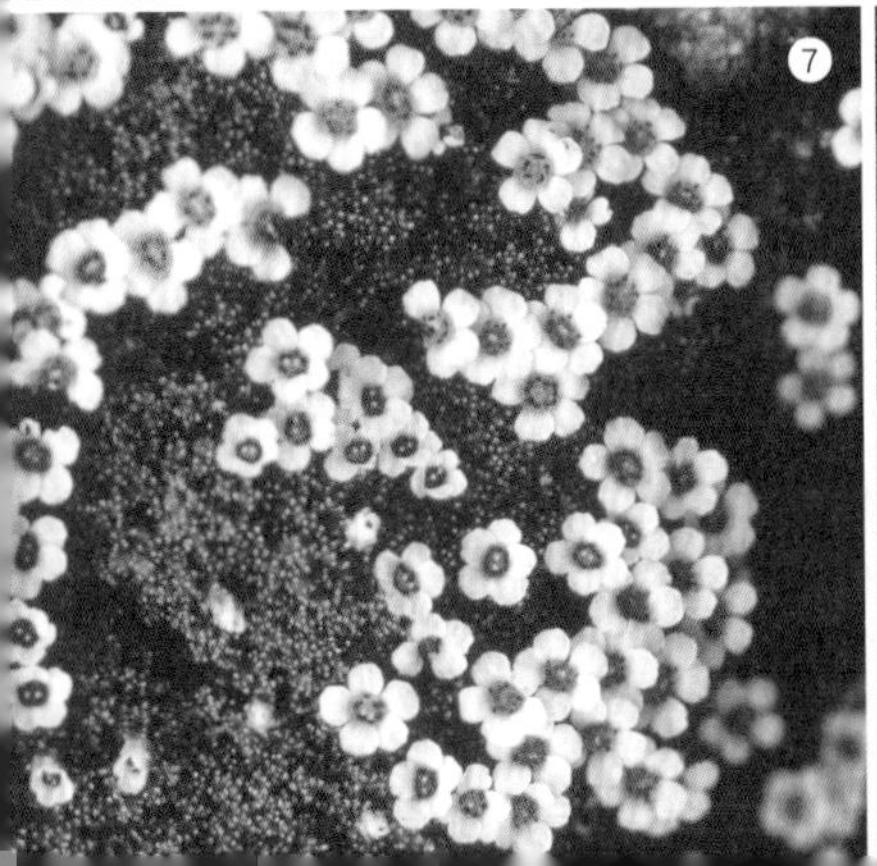

7

6

最古の熱帯雨林と最大の植物

ボルネオ

Borneo

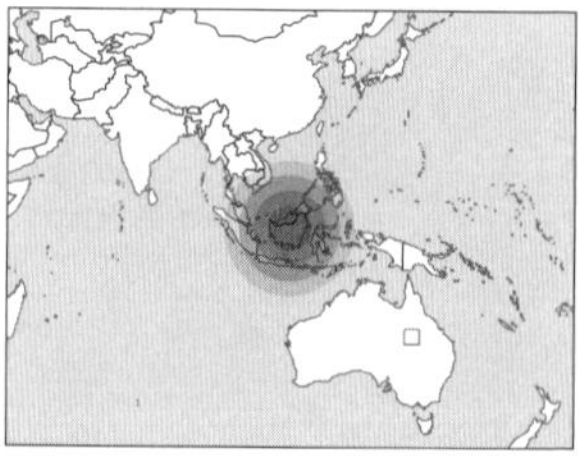

ボルネオ島(カリマンタン島)は東南アジア、マレー諸島に位置する島。面積は約72万6,000キロ平方メートル(日本の約1・9倍)で、島の北部はマレーシアとブルネイ領、南部はインドネシア領。全体に山が多く、世界最古と考えられる熱帯雨林が広がる。気候は熱帯気候で、年間平均降雨量は4,000ミリほど。雨期は10月から3月頃である。

ボルネオのロストワールド

ボルネオは世界で三番目に大きな島である。マレーシア、インドネシア、ブルネイの三か国に分かれ、その北部から東部はマレーシアのサバ州とサラワク州が占める。

サバ州には人の住まない原生林が残されていて、その一つマリアウ盆地は１９９７年に５８８平方キロの保護区が設けられた。

東南アジアで最高峰のキナバル山。上部は岩山

太古から続くナンヨウスギ科のアガティスをはじめ巨木が林立、ボルネオの失われた世界と呼ばれる。樹木だけで４４０種類を数え、熱帯特有の花が咲く。

幹生花《かんせいか》は幹から直接に花が出て、実を結ぶ。果物の王様のドリアンもそうだが、マリアウ盆地には、別種で野生のドリアンの幹生花がみられる。木本のつるが多いのも熱帯林の特徴で、アカネ科のタマバナノキは、つるから球状に、かたまった花をつけ、美しい。

熱帯林は高さが数十メートルに達し、何層にも樹木が茂る。その

1.シダとは思えないホソバヤブレガサウラボシ／2.ドリアンの野生種の幹生花／3.マリアウ盆地のアガティスの巨木

3

ため林床《りんしょう》は陽《ひ》が射さず、ショウガ科を除いて目立つ花は少ない。ラン科の多くは樹冠近くの枝に着生する。シダも林床に少ないが、マリアウ盆地では、森の清流の傍《そば》のホソバヤブレガサウラボシが目を引く。

最大の食虫植物

キナバル山（4101メートル）は熱帯でありながら上部には、マレーシアシャクナゲをはじめ冷涼な気候を好む植物が分布する。登りは急だが、登山道は整備され、中腹には植物園もあり、観光客も訪れやすい。

中腹には食虫植物のウツボカズラ（ネペンテス）の種類が多い。その最大のオオウツボカズラは、マレー語で「王（ラジャー）」という意味の学名がつけられていて、袋は長さ30センチ、容量は3・5リットルにもなる。

ウツボカズラの袋は葉の先端がふくらんでできる。若い袋はふたが閉じられていて、中には胃液に似た消化液を含む。ふたが開いた直後は、その液で虫などが消化されるが、一度開くと後は開き放しなので雨水が入り、日数が経つと足をすべらせて落下した虫は、内面の逆毛《さかげ》ではい上がれずに溺死し、分解されて、栄養になる。

最大の花ラフレシア

キナバル山から車で1時間余り離れた地にラフレシアの村がある。周りは水田の一角にブドウ科のテトラスティグマの太いつるが茂り、それに寄生してラフレシアの花が葉も茎もなく、ぽっかりと咲く。水田に適さないので放置されていた場所だが、今や観光名所となり、入場料を払えば、ほぼ年中見られる。

ボルネオのラフレシア・ケイシーの花は、直径が80センチに達するが、スマトラ島のラフレシア・アーノルドの1メートルには及ばない。

ボルネオには他にも花が下向きに咲くバナナと違い、上向きに咲く野生種のバナナ、唇弁《しんべん》が袋状で花の大きいランのパフィオペディラムなど変わった花に富む。

アカネ科のルリミノキ属は、瑠璃《るり》色の丸い小さな実を枝に直接ずらっと並べてつける。低木なので、うす暗い森の中では目につきやすい。東南アジアの熱帯雨林に種類が多く、日本でも南西諸島で見られ、北限は伊豆半島のルリミノキ。ボルネオ島では、実が1センチほどの種類があり、この類では大きい。

1.花が上向きのバナナ。ムサ・カンペストリス／2.ルリミノキの一種（アカネ科）／3.タマバナノキの球花。直径5〜6cm／4.パフィオペディウム・フークレの変種／5.マレーシアシャクナゲのロードデンドロン・ロウィ／6.ラフレシア・ケイシーの花／7.蜜の出る赤い縁が虫を引き寄せるオオウツボカズラ。袋の長さ30cm／8.斑紋が目立つネペンテス・ブルビドガエ

6

8

7

暮らしに溶け込む花

ラオス

Laos

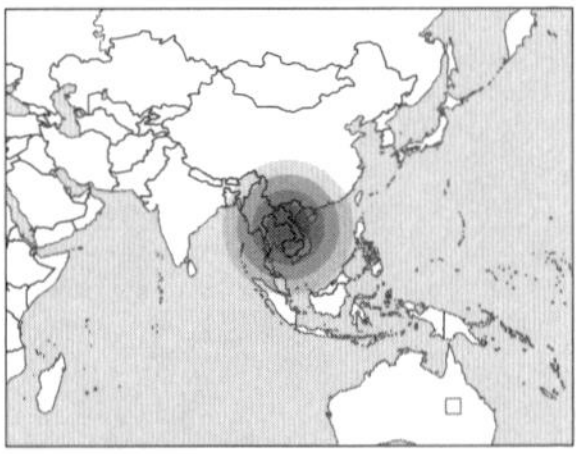

ラオス人民民主共和国はインドシナ半島に位置する。面積は約24万平方キロメートル（日本の約60％）で、ASEAN加盟国中では、唯一の内陸国である。気候はサバナ気候で、雨期（6月から10月頃）と乾期（11月から2月下旬頃）がある。2月下旬頃から5月頃は暑季。メコン川が国境をなしながら流れ、乾期と雨期の水位の差は大きく、雨期には水が低地を覆うほど。

供花と生け花

ラオスは東南アジアで唯一の内陸国である。北を中国とミャンマー、西をタイ、東をベトナム、南をカンボジアに囲まれ、面積は本州ほどで細長い。西側に大河メコン川が流れ、ミャンマー、タイとの国境となっている。

熱帯圏だが、北部は山地で涼しく、ヒマラヤザクラが咲く。平地は少なく、山がちで、森林で覆われている場所が多い。カンボジアから陸路北上するとラオス側に木が茂っている状況がよくわかる。そこには着生ランを初め多彩な花々が見られるが、ラオスの人々の日常生活に溶け込んでいる花は、熱帯各地のありふれた種類で、国花もプルメリアである。

仏教国だが、その花の飾り方は、日本とは違う。花はマリーゴールドやジャスミンが好まれ、いずれも花首からもいだ花とバナナの葉などを組み合わせ、そのまま置いて飾る。水と切り離された独特の飾り方なのである。

一方、水を使う生け花も見られるが、その材料が変わっている。古都ルアンパバーンの王族ゆかりのホテルの生け花には、何とナス、トマト、ダイコンなどの野菜がトロピカルな花と共に飾られていた。

変わった自生種

熱帯林はつる植物が絡まる。ラオスで目を引くのはモダマである。リーディモダマは高い樹々の間を何十メートルにもつるが張り巡り、1メートルにもなる節の目立つさやをつける。豆も大きく、径5センチに達する。

1.仏教寺院の独特の供花／2.野菜も使った生け花／3.各色のブーゲンビリアの鉢植

対してチビモダマは水田の縁のやぶなどに絡まり、さやは20センチほどで、豆は丸く1円玉くらい。

北部の山地にも常緑樹の森林が広がる。落葉樹は常緑樹の中に混生するが、数は少ない。ヒマラヤザクラも常緑樹林に点在し、十二月から一月に咲く。花の色が濃く、日本のサクラのイメージとは異なる。

北部山地の常緑樹はシイのなかまが優占し、そこにナガバノモッコクなども混じる。花弁に隙間のある変わった花である。

森林の縁には葉が切れ込まないオオバヒルガオや黄花のツタノハヒルガオの類が生える。黄花はアサガオに導入したい色の花である。

独特の有用植物

ススキに似て壮大なタイガーグラスの穂は、ラオス独特の箒《ほうき》になる。

モクベッシはニガウリ属だが、熟した種子の周りの赤色を用いてお祝用の赤飯を炊く。チョウマメの花はお湯を注《そそ》ぐと青い色が溶け出し、ブルーティーとかバタフライ（ピー）ティとして飲んだり、カクテルなどに使う。

リーディモダマ

チビモダマ

1.タイガーグラスの穂／2.青い色素を取るチョウマメの花／3.モクベッシの果実。長さ十数cm／4.北部山中のヒマラヤザクラ／5.花弁（長さ1.5cm）に、すき間のあるナガバモッコク／6.オオバアサガオ。花径約7cm／7.ツタノハヒルガオの一種。花は直径約5cm

2

3

4

5

6

7

低山に高山の景観
タスマニア

Tasmania

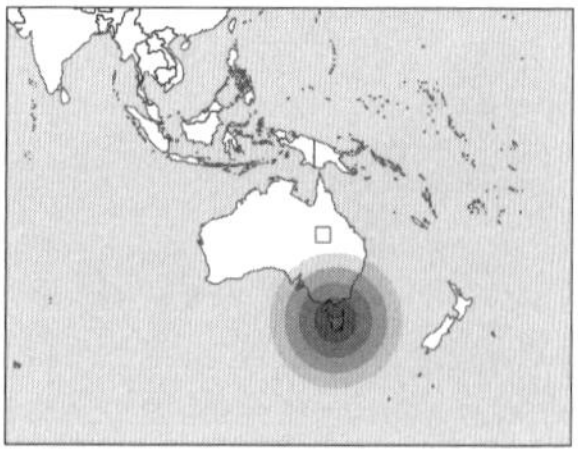

タスマニア島(オーストラリア)は、オーストラリア大陸の南東約240㎞に位置する島。面積は約6万5,000平方キロメートル(北海道の約80%)。南極までは2,000㎞ほどだが、気候は年間を通して比較的温暖で、日本と同様に四季(春9月〜11月、夏12月〜2月、秋3月〜5月、冬6月〜8月)がある。全体の約30%が国立公園に指定される自然豊かな島。

特異な進化の島

タスマニアはオーストラリア東南の島である。面積は北海道よりやや小さい。オーストラリア大陸は砂漠や乾燥地が多い。東北部の温帯雨林を除けば、ユーカリ林はあっても、林床は貧弱で、コケやシダも育っていない。

一方、タスマニア島は南緯40度ほどで、緯度の上では、赤道を挟んで青森から旭川にあたり、ラベンダーの生育に適したような気候で、暑くなく、雨も降る。そのため温帯雨林が発達し、林床は苔むし、木性シダも生える。優占樹種は大陸と同じくユーカリだが、広葉樹では世界一高い100メートル近い種も見られる。常緑のナンキョクブナも高さが50メートルに達する。さらにイヌマキ科の種類が、高木から低木まで少なくない。

タスマニア島で特異な進化を遂げた植物の一つは、近年のDNA解析に基づく分類でツツジ科に移された旧エパクリダ科である。その代表的なパンダニは、外観はタコノキかドラセナのようで、幹は直立して12メートルに達し、葉は細長く、1メートルを超え、幹頂に密生する。しかも単子葉植物のように葉脈は平行脈である。

同属のスコパリアは小型で密生し、葉は長さ5センチほど。花は穂状《すいじょう》に数十が連なる。

低山の高山植物

タスマニア島の中央から西は山地が占める。ただ、山並は低く、最も高い峰でも1617メートルに過ぎない。ところがその1300メートルあたりに、ヒマラヤの5000メートル級の高山景観を植物が織りなす。

緯度はもちろん高いが、北海道の高山でも見られないヒマラヤ類似の植物生態が展開

1.カルデラ湖脇の岩場に生えるスコパリア(ツツジ科)／2.ナンキョクブナ林に混生するパンダニ。高さは12mにもなる(ツツジ科)／3.パンダニの花

2

3

するのである。それは岩にコケが丸く盛り上がったような姿で、近づいても花の季節でなければコケと見間違える。実際はクッションプラントと呼ばれる植物形態で、何千、何万もの枝先に、小さなロゼット葉がひしめき合う。

タスマニアのクッションプラントはキク科、ツツジ科（エパクリダ科）、ゴマノハグサ科、ナデシコ科の固有種とニュージーランドに共通のキキョウ科に近いスティリディア科と多様である。

高山には、ほかにも地面をはうように低く茂るヒース状の低木が、

見事なラベンダー畑

さまざまな科にわたって分布する。なかでも目を引くのが旧エパクリダ科で、アルペンヒースは白花が密生し、ヒラミベリーは小さいが扁平《へんぺい》な赤実が美しい。

タスマニアの花木

この島を代表する花木としては、ヤマモガシ科で赤花のタスマニアワラタと白花のシロバナワラタが著名である。タスマニア州の木は、レザーウッドで、樹木では珍しい4弁の花が咲く。

1.ルスティクッションプラント。花径1cm（キク科）／2.タスマニアワラタ。花序は径5～8cm（ヤマモガシ科）／3.ホワイトワラタ。高さ3mほどの低木（ヤマモガシ科）／4.クッションプラントのコケエパクリダ。花の径は5mm（ツツジ科）／5.ヒラミベリー（ツツジ科）／6.クリスマスベル。花茎は高さ30cm～100cm（ブランドフォルディア科、旧ユリ科）／7.レザーウッド。葉は皮質。花は4弁で径3cm（ユークリフィア科）／8.ホワイトフラグアイリス。オーストラリアの東部にも分布。花茎30～60cm（アヤメ科）

4

6

5

8

7

西部劇の名脇役
サワロ国立公園
（アメリカ・アリゾナ州）

Saguaro National Park

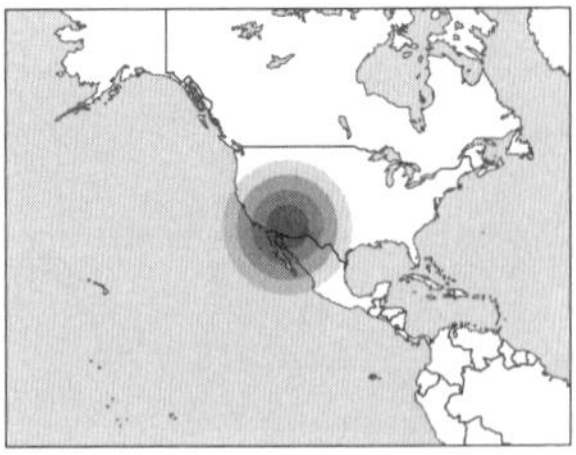

サワロ国立公園はアメリカ合衆国の南西部、アリゾナ州のソノラ砂漠にある。面積は約370平方キロメートル。広大なアリゾナ州においては高度差によって気候に差があり、サワロ国立公園などのある低地部は乾燥し、非常に暑い夏と、温暖だが年によっては氷点下に下がる冬となる砂漠気候である。昼と夜の温度差が大きい。

ソノラ砂漠の王者

かつてアメリカの西部劇では、サボテンの生える風景が伴った。なかでもアリゾナ州の南部は、メキシコから続くソノラ砂漠が広がり、巨大な柱サボテンが林立する格好の舞台であった。そこに現在「サワロ国立公園」が設けられている。

サワロは巨大な柱サボテンの先住民の呼称で、日本では「弁慶柱」の名がある。太く高さは18メートルに達し、上部に4、5月頃白い花を咲かせる。熟した赤い果実は甘く、食べられる。昔は熟する頃に先住民が採取のため離れた地からも集まって来て、食べるだけでなく、果実を発酵させて酒を造った。色が赤く、赤ワインのような果実酒になる。

サボテンは意外に花が美しい。刺《とげ》だらけの近づき難い姿とは掛け離れた、鮮やかな花を咲かせる。彩りはさまざまである。

ウチワサボテンは黄花が多く、赤花も少なくない。まれにピンクの花もつける。

エビサボテンと呼ばれるエキノセレウス属は、小型の体の割には花が大きい。黄花は少なく、赤、オレンジ、ピンクの艶《あで》やかな花で、いずれも雌しべの柱頭《ちゅうとう》は緑である。

砂漠を生きるしくみ

ソノラ砂漠は、アフリカのサハラのような砂《すな》砂漠とは様相が違う。サボテンのような乾燥に強い植物が点在する。その上、年間の雨量は40ミリ以下だが、まとまって降ると、雨後には一斉にカリフォルニアポピーやキク科のような一年草が芽生え、低木や多年草も息を吹き返し、短期間のうちに花が咲く。

サボテンや多肉植物も花開き、砂漠に訪れた短い春の間は花であふれる。

1

1.高さが10mを超える弁慶柱／2.弁慶柱の花。花径5～6cm／3.ウチワサボテン（オプンチア・サンタリータ）。花径8cm／4.エビサボテン（クラウン・エキノセレウス）。花径約5cm

雨量が少ないのになぜ低木や多年草が耐えられるのであろうか。多年草には地下に大きな塊根《かいこん》や根茎《こんけい》を持つ種類以外に、雨が少ない年は枯れてしまい、一年草のように種子で生き延びる変動多年草と呼ばれる種類もある。

ソノラ砂漠は深根を持つ木が少なくない。メスキートは根が深さ20メートル以上伸びると言う。乾期でも地下深くは湿っていて水分を得られる。それらの樹下で、巨大な柱サボテンも芽生え、幼苗期を経て独り立ちする。深根樹が母の役目をはたしていると言えよう。サボテンが大きく成長すれば、その株元で他の植物が育つ。

有用な多肉植物

サボテン以外にもソノラ砂漠にはユニークな多肉植物が見られる。アガベには先住民が芯を食料にするため栽培し、根からロープを作った種類や、花が赤くて美しく、観賞されるペロンアガベなどがある。

ソープユッカは根が香り、洗剤、シャンプーにリンスとして先住民は重宝していた。

ソープユッカ。葉は細く長さ1m、幅3cmほど

1.ハニーメスキートの花穂。長さ約10cm。(マメ科)／2.ファイアーホイルフラワー。頭花の直径5cm。(キク科)／3.アパッチプラム。果実には長さ4cmほどの羽毛。(バラ科)／4.デザートベル。花径は約2.5cm。(ムラサキ科)／5.ペロンアガベの花。花茎は高さ2〜3m／6.アカバナイヌゴマ。花の長さは約3cm。(シソ科)／7.ゴールデンカリフォルニアポピー(ケシ科)

3

5

4

6

7

大山脈の樹と花

ロッキー山脈
（アメリカ）

Rocky Mountains

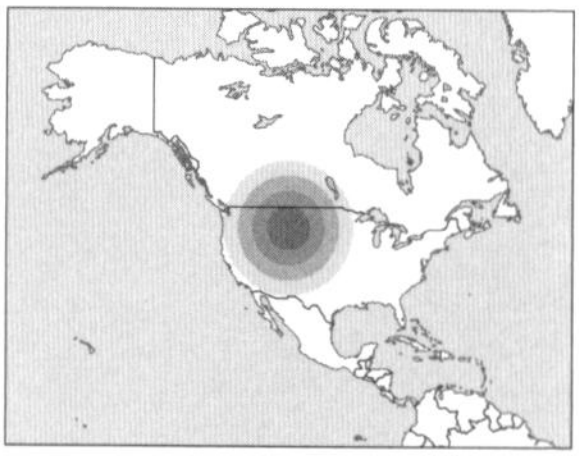

ロッキー山脈とは狭義には、カナダ西部のブリティッシュコロンビア州からアメリカ合衆国ニューメキシコ州まで、北アメリカ大陸の西部を南北に走る山脈と定義される。実際には複数の山脈からなる。標高も4,000メートルを超える山が多数ある。気候は高山性だが、山脈の北部や頂上付近では、寒帯のツンドラ気候に似る。山麓では乾燥帯のステップ気候に属する地域が多い。

世界最初の国立公園

北アメリカ大陸の西部を南北にロッキー山脈が走る。広義のロッキー山脈はアラスカからメキシコの東部に至る7600キロの大山脈で、アメリカ合衆国だけでも2000キロに及び、四つの国立公園を含む。

北部モンタナ州のロッキー山脈の南には、世界で最初の国立公園、イエローストーンがある。高さ50メートルも吹き上げる間欠泉《かんけつせん》で知られるが、アメリカバイソンや角《つの》が枝分かれするレイヨウのプロングホーンなどの動物も身近に見られ、人気が高い。

イエローストーンをはじめロッキー山脈では、マツ、トウヒ、モミの針葉樹を中心とした森が広がる。マツはロッジポールパインと呼ばれる種類だが、日本のマツのイメージとは異なり、遠望ではスギそっくり。直幹で円錐《えんすい》形に育つ。

それらの森林は落雷などで山火事が起こる。国立公園内では原則消火せず、自然鎮火を待つ。森が焼失することで、光を好む草が生え、主要な樹種が10種類余りに過ぎない森に対し、多様な草花の世界に変わると共に、草食性の動物も増え、実生《みしょう》から森も再生する。

ユニークな名

アメリカの植物名は、おもしろい。

エレファントヘッドはシオガマのなかまで、上側の花弁の先が象の鼻のように伸び、左右の花弁は耳みたいだとして、小さいながら象の頭に見立てられた。

シオガマ属はゴマノハグサ科として扱われていたが、近年のＤＮＡ解析から寄生植物

グリーンゲンチアナ（ミドリリンドウ）の花茎は1.5mにもなる

のハマウツボ科に移された。シオガマ属は葉もあり、光合成するが、根は他の植物から栄養をもらう半寄生植物である。

同じ科の半寄生植物にペイントブラシがある。苞葉《ほうよう》が赤い色の絵筆のようだとして名がついた。そのロッキーエフデグサは、苞葉の幅が広く、ナデシコを思わせる。

ロッキー山脈には日本では少ないハナシノブ科の草本が多い。ロッキーシロハナシノブやスカイパイロットは、高山の岩場に生える。スカイロケットは、細い花筒《かとう》と星形の花弁から空飛ぶロケットをイメージした名だが、以前はレッドトランペットとも呼ばれていた。ただし、花筒は長さが3センチほどしかない。

存在感ある花

ロッキー山脈の植物は日本とも共通する属やルピナス、ヒマワリ類のような園芸植物が多く、一見して何の仲間か目当てがつきやすい。とは言っても、グリーンゲンチアナみたいにリンドウ科とは、にわかに信じられない色の大型種や、上部の葉が白いエルクアザミのような存在感の強い変わった花も少なくない。

直幹高木のマツ「ロッジポールパイン」

1.エレファントヘッド。日本語で「象の頭」の名のシオガマ。「鼻」は長くても1.8cm／2.ロッキーエフデグサ。花径は5cmくらい／3.アオバナアマ。午後には花を閉じる／4.ロッキーコウホネは葯が赤い。花径は10cm足らず／5.エルクアザミ。苞葉が白っぽい／6.ロッキーシロバナハナシノブ。花径約2cm／7.ミドリリンドウ（フラセラ・スペシオーサ）の花、花弁が4枚／8.スカイロケット。花筒は長さ約3cm／9.スカイパイロット。高山岩上に生え、花筒の長さ2cmほど

4

5

6

7

8

9

カリブ海に浮かぶ植物宝庫

キューバ

Cuba

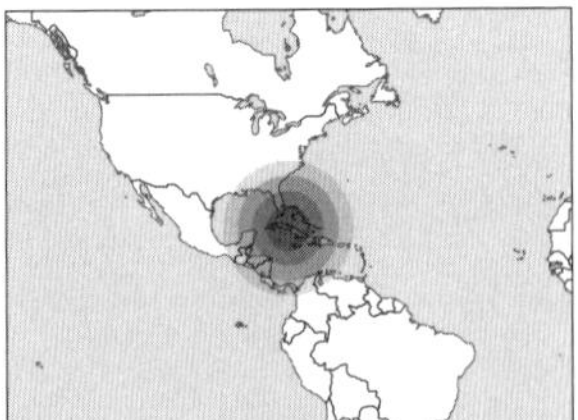

キューバ共和国はフロリダ半島の南、カリブ海に浮かぶ約1,600の島々などからなり、面積は約11万平方キロメートル(日本本州の約半分)。キューバ本島は山岳地を除けば、標高200メートル以下のなだらかな土地である。気候は典型的な熱帯のサバナ気候に属して、夏の平均気温は27度ほど、冬の平均気温は21度ほど。11月から4月の乾期と、5月から10月の雨期に分かれる。

島らしくない景観の主役

カリブ海最大の島がキューバ。コロンブスは最初の航海で到着した際、ジパングだと思い込み、黄金を探させたという。黄金こそ無かったが、キューバは固有植物の宝庫だった。

キューバに分布する花の咲く植物とシダ類は３５００種を数え、そのうち半分が固有種とされる。その代表はキューバダイオウヤシで国樹。大王の名にふさわしい堂々とした姿は、高さが25メートルにも達する。幹は直立するが、ココヤシなど多くのヤシとは違い、古代ギリシャ建築のエンタシスの柱に似て、中部がふくらむ。

さらにエンタシスが異常に発達したのは、トックリフトエクマデヤシで、幹の上部と下部は細く、中部は極端に太い。ヤシのみならず世界の樹木にも類を見ない奇妙な形態である。

ヤシはパームと呼ばれる。ワインの栓《せん》を作ったコルクパームがあると聞き、ぜひ見たいと案内してもらったら、キューバソテツだった。その樹皮が代用されていたのである。バオバブに似たシュードボンバックスは、幹が緑色で鮮烈な花が咲く。仮称しているキューバザクラはノウゼンカズラ科で、花は木を覆い美しい。

海辺の変わった花

コロンブスが当初上陸した湾の近くに東端の都市バラコアがある。その海岸の砂浜にはハマベブドウの古木が防風林のように茂る。大きいと幹は一抱えもあるが、何とタデ科。日本のタデ科は草本で、しかも水辺に多い。果実もソバのように乾果だが、ハマベ

1

1.キューバダイオウヤシ。幹にランが着生／2.キューバ特産のトックリフトエクマデヤシ。最大の幹径は90cmにも／3.シュードボンバックス·エルリプティクム。幹は青く太い。花は約25cmと大きい／4.キューバザクラ(タベブイア·ロセア)は落葉中に満開になる。ノウゼンカズラ科

ブドウの果実はブドウに似た液果《えきか》で、食べられる。

トリプラリスもタデ科の樹木だが、高木で、アリが幹の中に巣を作り、近づくものは襲われる。いわゆる「アリ植物」である。花は穂状《すいじょう》に群がって咲き、美しい。

キューバにはサボテンも分布する。岩や樹に着生する柱サボテンは、海岸から山中に見られ、1891年に南方熊楠《みなかたくまぐす》が採集し、日本に乾燥標本を持ち帰っている。

メロカクタスは海岸近くの岩場に分布し、米軍のグアンタナモ基地に至る岩場にも、群生する。球状の上部にトルコ帽のような花座と呼ばれる組織があり、毎年伸びて花をつける。他のサボテンには見られない独特の姿で目を引く。

イワタバコ科は山地の湿った場所を好む。それがキューバ東部の海岸の石灰岩の日陰でゲスネリアと出会い、驚かされた。

キューバの国花

キューバは熱帯の国で、自生する花だけでなく世界中のトロピカルの花々が年中咲いている。国花はショウガ科のハナシュクシャで白い大きな花に香りが高い。ただ、この花もインドから東南アジアが原産地とされる。

岩上に群生するメロカクタス

1.キューバソテツは、キューバ西部の石灰岩上に特産する／2.トリプラリス・アメリカーナ。高さ30mになる高木。タデ科／3.キューバの国花のハナシュクシャ。花径約10cm

4.バラコア海岸のハマベブドウの古木／5.ハマベブドウの果実。1果は径2cm／6.メロカクタスの花座と結実／7.ゲスネリア・グランディフロールス。珍しく海辺に生えるイワタバコ科

砂漠に現れる楽園
バハカリフォルニア
（メキシコ）

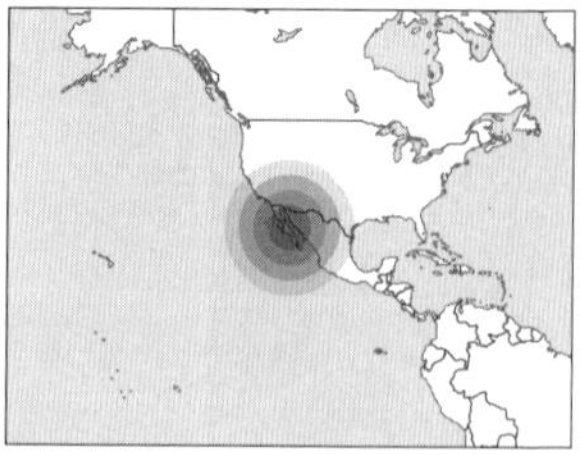

メキシコのバハカリフォルニア半島は、メキシコ本土と平行して太平洋とカリフォルニア湾に挟まれ、北西から南東へ伸びる。山がちな地形で、半島の方向に沿って山脈が連なり、東のカリフォルニア湾側は崖が多い一方で、西の太平洋側には平野部がある。高温少雨の半砂漠気候。

砂漠の巨柱

余り知られてはいないが、アメリカ大陸にイタリアよりも長い半島がある。メキシコのバハカリフォルニア半島で、長さ1280キロ、バハは下を意味し、カリフォルニアの南に位置する。

半島の北部は、最高峰が3000メートルを超す山脈が走り、中部以南の低地では年雨量が250ミリ以下の砂漠となる。そのため高山植物から砂漠植物まで、植生は変化に富む。

中部の砂漠の主役は、柱サボテンのパキセレウスとイドリアで、独特の景観をなす。両者の体形は似るが、イドリアは全面に短い枝が出て、葉が覆う。高さは十数メートル、幹も独特で下部は直径50センチに達し、上部に行くにつれて細くなる円錐《えんすい》形。乾期には落葉するが、雨期に雨が降ると、わずか三日で芽吹く。

イドリアはバハカリフォルニアの準固有種で、フォウキエリア科に分類される。近年ではイドリアを独立した属に扱わず、フォウキエリア属に含める見解も出されている。ただ、フォウキエリアは放射状に多数分枝し、花も鮮やかな赤色だが、イドリアの花は黄味を帯びた白色で、外見上の相違は大きい。

砂漠の楽園

雨期に砂漠は一変する。サボテンをはじめ、アガベ、ユッカやヤシなど多肉植物や常緑樹が花咲き、種子で休眠していた草花も一斉に芽吹き、一面の花園を作る。構成するその一つにはサンドバーベナ。日本で知られているクマツヅラ科のバーベナと同じ名で

1.パキセレウス（写真の左側）とイドリアのアーチ
2.パキセレウスは上部に長さ7〜8cmの花が咲く
3.フォウキエリアの花。長さ2.5〜3cm

3

2

扱われるが、本種はオシロイバナ科。と言っても花や草姿はサクラソウのようで、オシロイバナのイメージとは程遠い。時に白花も混じる。

サボテンは刺《とげ》だらけの近寄り難い姿に美しい花が咲く。棒状のキリンドロオプンチアの中には茶色系の変わった花の種類がある。柱サボテンは白色の花が多い。

タデ科は日本では湿地を好む。それが砂漠に生え、しかも低木の種類がある。ウサギノサイフで、葉は約一センチ、花も小さいが、果実はふくらみ、兎の財布に見立てられた。

ババハカリフォルニアの砂漠にもまれにオアシスがあり、池が見られ、水辺にアメリカドクダミが生える。花は苞葉《ほうよう》が多く、8枚にもなる。

高山に多様なマツ

北部の高山山中にはマツが8種分布し、珍しい一葉や四葉の種も見られる。松笠《まつかさ》も様々でオオミマツの松笠は重さが2キロに達し、サトウマツは松笠の長さが30センチを超え、樹高は50メートルにもなる。

北部の山に花木は少なく、モクセイ科ライラックとは異なるが、クロウメモドキ科のワイルドライラックが目立つくらい。

サトウマツ（左）、オオミマツなどの松笠

1

1.イドリアは幹から小枝がびっしりつく／2.キリンドロオプンチア・モレスタの花／3.水中に咲くアメリカドクダミ／4.ビロードヒルガオの花／5.ワイルドライラック（クロウメモドキ科）／6.メキシカンブルーパームの果穂／7.サンドバーベナ（オシロイバナ科）／8.ウサギノサイフの果実（タデ科）

海岸砂漠とアンデスの花

チリ

Chile

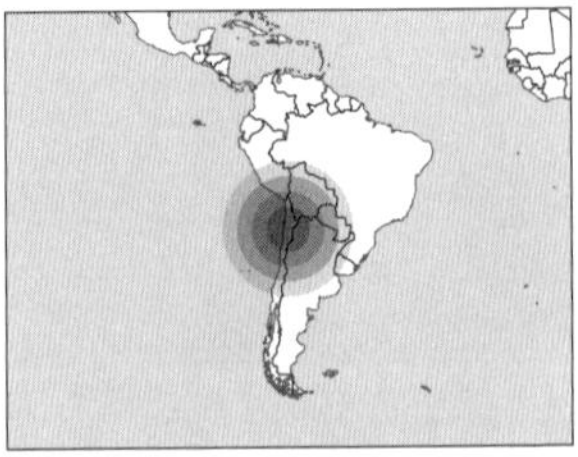

チリ共和国は南アメリカ大陸南西部に位置し、面積は約75万6,000平方キロメートルで日本の約2倍。世界一細長い国であり、赤道付近から南極近くまで伸びる国土は、自然環境の変化に富む。気候も北から砂漠気候、ステップ気候、西岸海洋性気候、ツンドラ気候と変化する。北部のアタカマ砂漠は、平均標高が約2,000メートル、世界で降水量が最も少ない地域の一つ。

北を向くサボテン群落

チリは世界で最も細長い国である。南北の長さが４３００キロもあるのに対して、幅は平均で１８０キロほどに過ぎない。

東部のボリビア、アルゼンチンの国境は、アンデス山脈が連なり、さらに、西部にも南北を走る海岸山脈があり、両者の間にはアタカマ砂漠が広がる。海岸山脈の周辺も、何年にも渡り、雨の降らない海岸砂漠となっている。

海岸砂漠で目立つ植物は、チリに特産するサボテンのコピアポア属である。銅鉱業で知られた街コピアポから名づけられたが、実際はそれ以北に種類が多い。なかでも著名なのは肌が白く、刺《とげ》が黒いコピアポア・キネレアの亜種コルムアルバ。日本では黒王丸の名称でサボテンマニア垂涎《すいぜん》の種類である。

黒王丸は標高200メートルほどの海岸に面した山の東側で、数か所群生し、特異な景観を作る。株が一斉に北を向くのである。奇妙に見えるが、南半球では、陽《ひ》は北から照り、それに南からの海風も加わり、成長に伴い北に傾く。

コピアポアは地理的に変異し、同一の地点でも刺の長さ、稜の数などに変化が著しく、種分化の過程にあるが、園芸的には興味深い。

高山にサボテン

一般にサボテンは寒さが苦手と思われている。確かに多くはそうなのだが、高山にも生育するサボテンが少なくない。ウチワサボテン類のテフロカクタス（クムロプンチア）は、ペルーからチリにかけ標高が4000メートルを超す高山に分布する。分枝した数百の

1

2

1.コピアポア·キネラスケンスの大株／2.標高2,000mで巨柱に育つアタカマ柱(エキノプシス·アタカマエンシス)／3.コピアポア黒王丸と花

球状の茎節がびっしりとひしめいて、大きな丸いかたまりとなる。一見すると高山特有の生態のクッションプラントのようで、とてもサボテンには見えない。

さらに驚くのは、高山に林立する巨大な柱サボテンである。チリ北部のボリビアとの国境に近いアンデス山中3000メートルの岩場に高さ6メートル、直径60センチにもなり、上部で分枝する太いサボテンが生える。アタカマ柱である。

その岩山の傍《そば》の枯れ沢近くで、11月に野生のトマトの花が咲いていた。トマトをはじめ、ジャガイモやトウガラシなどナス科の重要な栽培植物は、アンデス地方に原産する。

砂漠の花

アタカマ砂漠には、サボテン以外にも乾燥に強い植物が少なくない。スベリヒユ科の多肉植物カランドリニアもその一つ。中国で鎮痛など漢方に使う麻黄《まおう》も同属のアンデスマオウが山中に生える。

海岸砂漠には花の美しいノラナ科が分布、常緑種は葉が多肉化する。花はペチュニアに似るが、ナス科と違い果実は三つに分かれる。

すべて北を向く黒王丸の群生

1

3

2

1.巨大なコピアポア･テネブロサ／2.トマトの野生種の花／3.葉を欠くアンデスマオウ／4.クムロオプンチアの密生株。標高4,000m／5.葉が多肉化した白花のノラナ／6.ナス科に近いノラナ･パラドクサ／7.雄しべが曲がるヒイラギギクの一種／8.スベリヒユ科のカランドリニア

おわりに

　絶景植物に初めて出会ったのは、もう半世紀も前になる。マダガスカルの北部ディエゴスワレス湾岸のバオバブだった。湾は第二次世界大戦時、日本の特殊潜航艇が攻撃に侵入した戦場だが、美しい湾に面した石灰岩の低い山に、バオバブが立ち並んでいた。以来バオバブに魅せられてマダガスカル、アフリカ、オーストラリアの各地を巡った。ボツワナではリビングストンが１８５３年に測定したバオバブを１６０年振りにたずね測定するなど、バオバブ一つ取り上げても、その魅力は尽きない。

　私が訪れた秘境や辺境の地で最も行きづらく、知られざる植物の宝庫は南米のギアナ高地である。ベネズエラを中心として六か国、地域にわたり、テプイと呼ばれる１８０にも及ぶ台地が散らばり、千メートル近い絶壁で、それぞれが隔離された世界である。１９７６年、矢追純一ディレクターのテレビの取材で初めて訪れた折は、ベネズエラ空軍のヘリコプターに乗せてもらった。

本書で紹介したチマンタテプイは、直径50キロもある最大のテプイで、そこだけでも8回も足を運んだが、すべてヘリコプターによった。とてもまだ全容はつかめていない。世界に秘境、辺境の地は数々あり、私の探訪できたのは、ほんの一部にしか過ぎない。それでもその絶景、植物は、私の心を捉らえて放さない。

また、観光地であっても惹かれる植物絶景や余り知られていない植物が見られ、本書でも若干取りあげた。

辺境や秘境の地にも人が住んでいる所が少なくない。そこでは時に珍しい植物を暮らしに利用し、中にはそれが日本までもたらされていたりする。オマーンの乳香は『源氏物語』の空薫物の黒方にも使われたと見られる。

本書では30か国、地域の植物や花を176属228種類紹介した。その多くは日本では余り知られていない種類である。一方、スリランカ、ラオスの仏教の供花のように、よく知られていても、日本とは異なる花の姿も一部紹介した。すばらしい植物の世界の一端に触れ、興味を持っていただければ、大変うれしい。

本書をまとめられたのは二つの雑誌の連載による。一つは小原流の『小原挿花』の2022年度に毎月連載した「世界の絶景植物」で、チャプター1に再録した。

チャプター2は、マミフラワーデザインスクールの月刊誌『FLOWER DESIGN life』で連載中の「世界の花を巡る」から2022年と2023年の一部を掲載した。なお、チャプター1のカンボジアは同誌から引いた。

私が秘境、辺境の地に足を踏み入れられたのは、学術調査だけでなく、テレビの取材や国際航空旅行サービスと企画したエコツアーによるところが大きい。

さらに本書が出版できたのは、淡交社の八木歳春氏の尽力のおかげである。

それぞれお世話になった方々に、深く感謝したい。

湯浅 浩史（ゆあさ・ひろし）

1940年、神戸市生まれ。博士（農学）。一般財団法人進化生物学研究所理事長・所長。専門は民族植物学、花の文化史。東京農業大学農学部教授、生き物文化誌学会会長などを歴任し、世界65か国以上で調査研究などにあたり、マダガスカル国家勲章シェバリエを叙勲される。文筆家としての活動も広く、主な著作として『花の履歴書』（講談社学術文庫）、『花おりおり』（全5巻　朝日新聞社）、『世界の不思議な植物』（シリーズ　誠文堂新光社）、『ヒョウタン文化誌』（岩波新書）ほか多数。

秘境、辺境、異文化　世界の絶景植物

2024年5月21日　初版発行

著者
湯浅浩史

発行者
伊住公一朗

発行所
株式会社 淡交社
本社／〒603-8588 京都市北区堀川通鞍馬口上ル
［営業］075-432-5156 ［編集］075-432-5161
支社／〒162-0061 東京都新宿区市谷柳町39-1
［営業］03-5269-7941 ［編集］03-5269-1691
www.tankosha.co.jp

装丁・レイアウト
三浦裕一朗（文々研）

印刷・製本
図書印刷株式会社

©2024 湯浅浩史 Printed in Japan

ISBN 978-4-473-04596-6

＊定価はカバーに表示してあります。落丁・乱丁本がございましたら、小社書籍営業部宛にお送りください。送料小社負担にてお取り替えいたします。本書のスキャン、デジタル化等の無断複写は、著作権法上での例外を除き禁じられています。また、本書を代行業者等の第三者に依頼してスキャンやデジタル化することは、いかなる場合も著作権法違反となります。